U0150039

杂话建筑

跟随梁思成访古寻迹
从蓟县独乐寺到宜宾李庄

[美] 张克群 编著

机械工业出版社

中国古建筑在世界上是一个独一无二的独立系统，渊源深远，历代继承，无论整体还是局部，都凝聚着建造者的智慧和巧夺天工的技艺。本书以梁思成、林徽因及中国营造学社的同仁们，对中国古建筑考察、测绘、研究并撰写《中国建筑史》的经历为主线，介绍了他们在那个艰难岁月执着勘测的种种古建筑，带领读者跟随他们的脚步访古寻迹，了解中国古建筑之美，体会他们的家国理想、人文情怀与工匠精神以及他们为中国古建筑保护与研究所做的巨大贡献。本书图文并茂、文字平实易读，是一本适合大众阅读的优秀建筑文化读物。本书作者1961年考入清华大学建筑系，师从建筑学家和建筑教育家梁思成，从建筑设计岗位退休后，花费多年时间，查阅资料、实地探访古建筑，热衷以轻松、幽默的文字普及传统文化与建筑知识。

北京市版权局著作权合同登记图字：01-2021-2663号

图书在版编目（CIP）数据

跟随梁思成访古寻迹：从蓟县独乐寺到宜宾李庄/（美）张克群编著. —北京：机械工业出版社，2023.3
（杂话建筑）
ISBN 978-7-111-72702-6

Ⅰ. ①跟… Ⅱ. ①张… Ⅲ. ①古建筑－建筑艺术－中国 Ⅳ. ①TU-092.2

中国国家版本馆CIP数据核字（2023）第064612号

机械工业出版社（北京市百万庄大街22号 邮政编码100037）
策划编辑：赵 荣 责任编辑：赵 荣
责任校对：韩佳欣 梁 静 封面设计：鞠 杨
责任印制：邓 博
北京新华印刷有限公司印刷
2023年7月第1版第1次印刷
130mm×184mm·7印张·2插页·126千字
标准书号：ISBN 978-7-111-72702-6
定价：49.00元

电话服务 网络服务
客服电话：010-88361066 机 工 官 网：www.cmpbook.com
010-88379833 机 工 官 博：weibo.com/cmp1952
010-68326294 金 书 网：www.golden-book.com
封底无防伪标均为盗版 机工教育服务网：www.cmpedu.com

前言

梁思成先生是我建筑学专业的引路人，也是我在大学学习《中国古代建筑史》时的授业恩师。

梁先生是个非常幽默的人，他常常给我们讲一些有趣的事，这使得学生们对他在尊敬之余，有了许多亲近感。

但梁先生最令我钦佩的不只是他丰富的知识、激情的授课、幽默的谈吐，更是他对事业的执着。他的事业，就是写一部中国建筑史。

过去，西方对中国的建筑一直持轻蔑态度，认为中国木构建筑简单甚至简陋。再加上中国古代建筑的技艺传承主要靠师父带徒弟的口传心授，缺少关于建筑的著作。古代传下来的《营造法式》看起来又如天书一般，别说外国人了，连中国人自己都很难看懂。所以外界普遍误认为中国建筑只不过就是一些土了吧唧

的工匠的事。

实际上，正如林徽因先生所说，中国建筑在世界上是一个独一无二的独立系统，丝毫不受外部文化影响，渊源深远，演进程序简纯，历代继承，线索不紊且影响深远。周边国家的建筑形式多自它演变而来。那些宫殿庙宇中的翼展屋顶、格子窗棂、庭院里的月门和拱桥曾经让18世纪的欧洲设计师为之倾倒，当时甚至创造了一种专门模仿中国装饰的艺术风格叫"Chinoiserie"。

如果你踏下心来好好看看中国古代建筑，你会发现它们无论整体还是细部，每一处都凝聚着古代匠人的智慧和巧夺天工的手艺。正是这些"土"工匠们历经千百年不断优化改进，才建造出中华大地上琳琅满目、五花八门的建筑。

梁先生一直对世人不重视古代建筑这一现状忧心忡忡，他

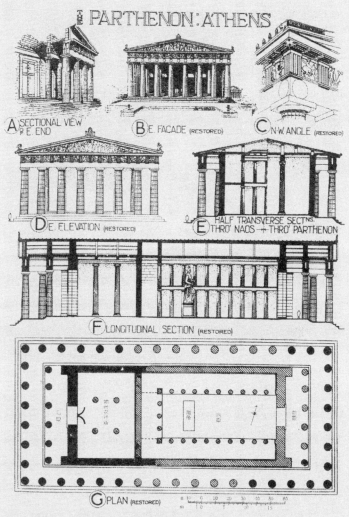

THE PARTHENON : ATHENS

A SECTIONAL VIEW @ E. END

B E. FACADE (RESTORED)

C N.W. ANGLE (RESTORED)

D E. ELEVATION (RESTORED)

E HALF TRANSVERSE SECT.NS THRO' NAOS → THRO' PARTHENON

F LONGITUDINAL SECTION (RESTORED)

G PLAN (RESTORED)

《弗莱彻建筑史》插图

特别希望能用自己的力量去保护并延续中华文化大树上的这一枝瑰宝。

梁先生在美国宾夕法尼亚大学读书的时候，曾经看过著名的《弗莱彻建筑史》一书。书中插图的科学性和艺术性都令他十分钦佩，于是他决心写一部《中国建筑史》，用弗莱彻式的方法自己撰写文章并画插图。

可这个想法说来容易，做起来不说难于上青天吧，也差不多哟。要知道20世纪30年代，中国正处于一个战火纷飞的年代，资料来源困难、经济来源困难、测绘工具简陋，加之没高铁、没公路、没私家车，出行更是极其不便。但梁先生等前辈却把这项任务当作毕生的使命，不畏艰难险阻，一往无前，身体力行。用"明知山有虎，偏向虎山行"这句话形容他们的决心和意志，真是一点儿也不过分。

结果我们都知道。梁先生在夫人林徽因和营造学社同仁的共同努力下，不但完成了《中国建筑史》的编撰工作，并且亲自手绘了堪与弗莱彻的建筑图媲美的图。这些手稿经历1939年底片被毁，仅存的图像资料辗转美国、英国、新加坡，直到1980年才回到国内的曲折过程。前前后后经历了30年，直到梁先生已经去世多年之后才正式出版问世（详见附录）。

从梁、林等一行人所走过的地方，和那些精心绘制的测绘图中，我们可以想象当初他们行程之艰辛、测量之细致。若不是具有坚定的信念和不挠的精神，断不能取得这样丰硕的成果。他们留给我们后人的岂止是一部《中国建筑史》，更是一种为弘扬中华民族文化而不懈奋斗的精神。

那么，梁先生他们都经历了哪些事情，才得以铸就他们为之奋斗毕生的成就的呢？让我们共同沿着大师们的足迹走一遍，去体会当初他们的艰辛和快乐，鼓舞我们作为晚辈的人生，并从中学习中国古代建筑的美吧。

目录
contents

第一章　夫妻同心

　　梁思成先生是广东新会人，梁启超的长子，1901年4月20日出生于日本东京。看下面的照片，可以发现父子俩那瞪大眼睛的表情还真挺像的（图1-1）。

　　1912年，已上小学的梁思成随父母回国，先在天津后在北京读书。1914年开始，梁启超应邀在清华讲学，14岁的梁思成遂于1915年考入清华留美预备班。他的同班同学里著名的人物还有孙立人、闻一多和我老公黄二陶的堂叔音乐家黄自。梁

图1-1　梁启超、梁思成父子

思成在校时多才多艺,钢琴提琴都玩儿得来,还是一位有名的足球健将。1918年学校成立管乐队,他又任管乐队队长兼第一小号手。他还曾是合唱队的主力。当然,画画更是他的专长,1922—1923年,他在《清华年报》任美术编辑。

8年后的1923年,梁思成毕业了。本打算毕业后立即赴美,谁知5月7日,他和他弟弟梁思永骑摩托车去城里参加"五·九国耻日"纪念活动,不幸被汽车撞断右腿(图1-2),脊柱也受了伤,不得不住院治疗,留美之事因此后推了1年。

林徽因,祖籍福建,名门之后,是曾担任司法总长的林长民的长女(图1-3、图1-4),母亲是何雪媛。

图1-2 受伤的梁思成

图1-3 年轻时的林长民

图1-4 林长民和女儿林徽因

林徽因1904年6月10日生于杭州，比梁先生小3岁。梁、林两家的父辈，梁启超和林长民是好朋友。这对儿女亲家就是很自然的事情了。1920年，在英国留学的16岁的林徽因随父亲回国，就此定下这门亲事（图1-5）。

图1-5　林徽因与梁思成

当梁思成第一次去拜访林徽因时，两人聊起未来的学业。林徽因说她到美国想学建筑。梁思成说，当时连建筑是个什么都还不知道。林徽因告诉他说，建筑是一门合艺术和工程技术为一体的学科。梁先生正好喜欢绘画，于是就半喜爱、半迎合地打算选择建筑这个专业了。

1924年，梁、林二人一同留美，开始真正走到了一起。

起初，他们在康奈尔大学建筑系念了半年（图1-6）。

后来，他们听说宾夕法尼亚大学有从法国聘请的大师级教师，俩人就慕名转到了宾大（图1-7）。可宾大建筑系不收女生，理由很是奇特：建筑系学生常常要加夜班画图，对女学生不安全。真正的原因不可得知。反正梁先生上了建筑系，而林先生学了舞台美术。不过舞台美术很靠近建筑学的室内设计，两人在业务上大方向还算一致。

梁思成先生所在的宾大建筑系，从1918年到1927年共有25名中国留学生。他的同班同学有陈植、童寯等人。

图1-6 康奈尔大学主楼

图1-7 宾夕法尼亚大学主楼

1927年，梁思成先生在宾夕法尼亚大学获得建筑学硕士学位后，又去哈佛大学学习，继续攻读博士学位（图1-8）。梁先生本打算在哈佛念完博士，但因要写的论文题目是《中国宫室史》，虽然在美国天天钻图书馆，3个月后终究觉得无法收集到更多的资料，就跟指导教授商量，回中国去实地考察，两年后提交论文。这期间林徽因也完成了她的舞台美术研究工作。1928年2月，两人便离开了美国，到加拿大的温哥华旅游结婚。

俩人本打算用半年的时间游历欧洲，谁知行程尚未结束，便传来梁先生的父亲梁启超病危的坏消息，只好提前回国了。然后，受朋友高惜冰（清华的高班同学）邀请，他们夫妻双双去了新成立的位于沈阳的东北大学建筑系教书（图1-9）。

图1-8　哈佛大学

图1-9 原东北大学理工楼（现辽宁省人民政府所在地）

东北大学是张作霖于1923年创办的，由张学良亲自兼任校长。由于肯下大本钱聘请好教师，5年之内东北大学就成了当时中国大学中的佼佼者。高惜冰告诉梁、林，刚成立的建筑系已经招了一个班的学生，就等着梁先生这个已被任命、然而自己还不知道的系主任走马上任呢。事情到了这步，梁先生不好推脱。于是，27岁的梁先生当了东北大学建筑系的系主任，手下就一个兵：24岁的林徽因先生。

梁、林二人按照宾大的教学模式设置了课程。此外，又加设了中国宫室史、营造则例、东洋美术史等课程，希望实现他们的"东西营造方法并重"、培养具有对中国式建筑审美标准熟知的中国自己的建筑师的目标。

教学之初，梁先生亲自撰写了《东北大学建筑系办学宗旨》：

"溯自欧化渐进，国人竞尚洋风。凡日用所需，莫不以西洋为标准。自军舰枪炮，以致衣饰食品，靡不步人后尘。而我国营造之术，亦惨于此时，堕入无知识工匠手中。西式建筑因实用上之方便，极为国人所欢悦。然工匠之流，不知美丑，任意垒砌，将国人美之标准完全混乱。于是近数十年间，我国遂产生一种所谓'外国式'建筑。实则此种建筑作风，不惟在中国为外国式，恐在无论何国，亦为外国式也。本系有鉴于此，故其基本目标，在挽救此不幸之现象。予求学青年以一种根本教育。"

梁先生和林先生都是工作起来不要命的人。他们经常为辅导学生而加班到半夜三更，这使身体瘦弱的林先生体力大大透支。幸亏这种"夫妻店"的局面没有持续太久。第二年，他们在宾大的同学陈植、童寯，以及麻省理工建筑系毕业的蔡方荫归国，加盟到东北大学建筑系的教学队伍里来了。他们几个还成立了《梁陈童蔡建筑事务所》，并承接了一些业务。吉林省吉林市的东北电力大学校舍就是他们当年的作品（图1-10）。

1930年，一向体弱多病的林先生因不适应东北的天气，病情加重，不得不带着刚满一岁的女儿梁再冰回到北平，在香山疗养。次年，心系妻子的梁先生也回到了北平。

由于日本侵略者的步步紧逼，东北形势日益严峻。1931年"九·一八事变"之后，东北大学学生不得不流亡关内。一部分求职谋生，一部分到上海等地继续学业。这其中有我们熟悉的刘致平、刘鸿典、张镈、赵正之等卓有成绩的建筑大师和学者。

图1-10 吉林市东北电力大学校舍

1932年，东北大学建筑系第一届学生将要在上海毕业了。得知这一喜讯，梁先生写了一封长信：《祝东北大学建筑系第一班毕业生》。信中说道：

"在你们毕业的时候，我心中的感想正合俗话所谓'悲喜交集'四个字……在今日的中国，社会上一般人，对于'建筑'是甚么，大半没有甚么了解……不是以为建筑是'砖头瓦块'（土木），就以为是'雕梁画栋'（纯美术），而不知建筑之真义，乃在求其合用，坚固，美……非得社会对于建筑和建筑师有了认识，建筑不会得到最高的发达。所以你们负有宣传的使命，对于社会有指导的义务……现在你们毕业了，你们是东北大学第一班建筑学生，是'国产'建筑师的始祖，如一只新舰行下水典礼，你们的责任是何等重要，你们的前程是何等的远大！林先生与我两人，在此一同为你们道喜，遥祝你们努力，为中国建筑开一个新纪元！"

第二章　另类选择

这一时期的中国建筑界，除了外国人开的建筑事务所外，也有一些中国人开办了建筑事务所。留美归来的建筑系毕业生们建立了南北两个建筑事务所。北方的是梁先生的宾大同学童寯、陈植和赵深办的"华盖建筑事务所"，南方的是宾大毕业的杨廷宝、朱彬和麻省理工建筑系毕业的关颂声办的"基泰工程司"。

"华盖建筑事务所"的作品有：南京地质博物馆、南京外交部大楼、南京中山文化教育馆等（图2-1、图2-2）。

"基泰工程司"的作品有：南京中央医院、沈阳火车站、南京国民党党史馆等。

这些工程不但规模大，而且多为政府的项目。可想而知，他们不但在业务上得以大显身手，而且收入不菲。

梁先生完全可以参与任何一家设计单位，或与林先生另成立一个建筑事务所。但是，先生没有选择这条比较平坦的道路，却去做了一件"吃力不讨好"的事：研究古建筑，撰写建筑史。

图2-1　南京地质博物馆

说来必然，却也偶然。梁先生还在美国读书期间（1925年），时刻关心自己儿子事业的老爹梁启超给他寄去了新出版的《营造法式》一书。

这本书是怎样来的呢？我们还得从一位姓朱的老爷子说起。

朱启钤（我们建五班师兄张允冲的外公），曾任北洋政府官员，民国时期交通部总长、内务

图2-2　南京中山文化教育馆

部总长，北洋政府时期一度还代理过国务总理。他在任交通总长期间，对北京的城市建设极为关注，他创办了中山公园，还将天坛、颐和园及景山作为公园对公众开放了。北京街道两旁的行道树，也是他在任时开始种植的。可惜他不知道柳树分公

母，导致后来许多年一到五月北京就柳絮飘飘。我的鼻子总被它们弄得烦不过。这也怪不得他，人家又不是学植物的。

一天，朱老在南京江南图书馆看书，无意之中发现一本手抄的古本《营造法式》。这是一本北宋官员编写的关于中国古代建筑设计和施工的专著。类似今天的建筑设计手册和建筑规范。

虽然看不懂，朱老仍然欣喜若狂，因为他深知此书的价值。于是自己出钱印刷出版了若干。梁启超有幸得到一本。

从父亲那里收到这本书后，梁先生跟朱启钤当初一样高兴，但在阅读后因看不懂也同样失望。他在日记里写道："虽然书出版后不久，我就得到了一本，但当时在一阵惊喜之后，随着就给我带来了莫大的失望和苦恼，因为这部漂亮精美的巨著，竟如同'天书'一样，无法看得懂。"

破译它！这是梁先生当时暗自下定的决心。为此，他付出了多少，只有他自己，也许还有前后两位夫人知道。

在发现"天书"后，朱启钤决定自筹资金，成立一个学术机构"营造学社"，以集中一些精英，专心研究中国古建。学社成立初期，被邀请的专业人士大都是一些学国学的人。也就是说，他们只能翻翻故纸堆，做些纯学术研究。然而中国古建筑的设计与施工，历来是罕有文字记载的。都是木匠、石匠、瓦匠、画匠们师父教徒弟，徒弟教徒孙，口口相传下来的技术，有些技术可能还秘不外传。况且尽管匠人们心灵手巧，却大多不认字。别说写书了，就算有人写了书，他们也看不懂。还有一个问题，不同地域的匠人，操不同的方言，用不同的术语。苏州的张木匠盖的房子，让东北的李木匠来都未必明白。朱启钤深知此点，于是请了清末时期参与过许多建筑设计施工的老木匠杨文起和老画匠祖鹤洲，来为营造学社做了斗拱模型和画了些彩画（图2-3）。以便用实物来了解中国古代建筑。

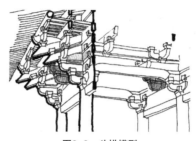

图2-3　斗拱模型

1929年，朱启钤感到营造学社要扩大业务规模，自己一个人的力量难以支撑，于是向管理美国退还"庚款"（八国联军要求清政府赔给各国的款）的机构"中华教育文化基金董事会"申请援助。"中华教育文化基金董事会"的董事之一周诒春曾是梁先生在清华时的校长。他认为除了资金外，营造学社还需要学建筑的专门人才，于是周诒春专门亲自跑到东北大学去找梁先生，劝他加盟营造学社。东北大学自然是不放人。几番犹豫之后，考虑到妻子的身体，梁先生还是忍痛辞去了东北大学的工作，一家人搬回了北平，把家安在了北总布胡同3号（今东城区北总布胡同24号）（图2-4）。

图2-4　小家的温馨日子

家不大，但有两个温馨的小院子。女儿梁再冰回忆道："我记得小时候妈妈常拉着我的手，在背面的院子中踱步。院里有两棵高大的马樱花树和几棵开白色或紫色小花的丁香树。客厅的窗户朝南，窗台不高，有中式窗棂的玻璃窗，使冬天的太阳可以照射到屋里很深的地方。妈妈喜爱的窗前的梅花、泥塑的小动物、沙发和墙上的字画都沐浴在阳光中。"

也是在北总布胡同3号，梁、林夫妇认识了他们一生的朋友费正清夫妇。

1932年初，一位美国青年、牛津大学博士研究生John Fairbank（中文名：费正清）（1907—1991年）来北平完成他的博士论文，研究当时新对外公布的一批清朝海关档案。这位25岁的年轻学者，刚刚不确定地把他的学术关注点放到这个遥远的东方国度。

不久，他的未婚妻Wilma Canon Fairbank（中文名：费慰梅）也来到北平。费慰梅毕业于美国哈佛大学的女校拉德克利夫学院，学的是美术。他们在北平一座漂亮的四合院举行了婚礼。

婚礼后大约两个月，他们遇见了刚从沈阳回到北平的梁思成和林徽因夫妇。梁、林夫妇都受过美国大学的教育，因此和费家两夫妇有许多共同语言。他们常坐在客厅里聊天，有时也去郊外野个餐什么的。费正清和费慰梅这两个中文名字还是梁先生给起的呢。谁也没料到，这种友谊竟然持续了半个世纪之久（图2-5、图2-6）。

图2-5　两对夫妇四个朋友

图2-6　梁思成、林徽因、费正清

安顿好了家之后，9月份梁先生就正式到营造学社报到工作了（图2-7）。此时朱启钤已经把接受"中华教育文化基金董事会"补贴后的营造学社改名为"中国营造学社"。社长由朱老自己担任。朱老还利用职权，在故宫的一角为学社找了十几间旧朝房作办公用房。之后，朱老为营造社亲自撰写了《中国营造学社缘起》一文：

图2-7 梁先生在营造学社前

"中国之营造学，在历史上，在美术上，皆有历劫不磨之价值……方今世界大同，物质演进，兹事体大，非依科学之眼光，作有系统之研究，不能与世界学术名家，公开讨论……亟欲唤起并世贤哲，共同研究……"

多么高瞻远瞩啊！可以说，朱老之于中国建筑史，好比姚广孝之于明成祖朱棣，树根之于树木。

1930年营造学社初建时，社里有社员30人，到1937年已经扩大到了80人。请注意，这些社员不是干具体工作的，而是一些学、政、财界的社会名流，也就是说，是出钱和做宣传的人。做具体工作的人称为职员，他们从营造学社领取工资，但多数人并不是社员，按今天的称呼，算是打工一族。这两部分人的积极配合，使得营造学社在短时间内工作成绩斐然。

营造社的工作分为"文献"和"法式"两大部分。文献部分由刘敦桢先生出任主任，法式部分由梁先生任主任。刘敦桢先生毕业于日本中央大学，当时还在南京中央大学建筑系任教。有了这两员大将，中国营造学社的工作便风风火火地开展起来了（图2-8）。

图2-8　左起第一人为刘敦桢，第二人为梁思成

第三章　破解难题

开始工作了，可营造学社的人手头基本就是两部天书。一部是宋代的《营造法式》（图3-1），另一部是清代的《工部工程做法则例》（图3-2）。

宋代的《营造法式》是宋徽宗时期的工程师李诫于宋崇宁二年（1103年）所著。全书34卷。包括木作、瓦作、石作及估工算料，最后还附有各种图样。看起来宋徽宗除了画画写字、偷偷会见李师师外，得空也干点儿正经事。

清代的《工部工程做法则例》是雍正十二年（1734年）官方公布的建筑大法，共74卷。前27卷是27种不同建筑的具体做法

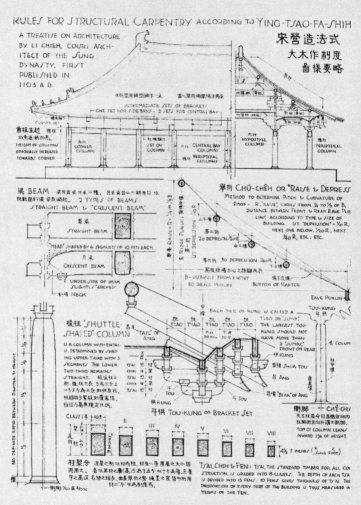

图3-1 《营造法式》大木作制度图样要略

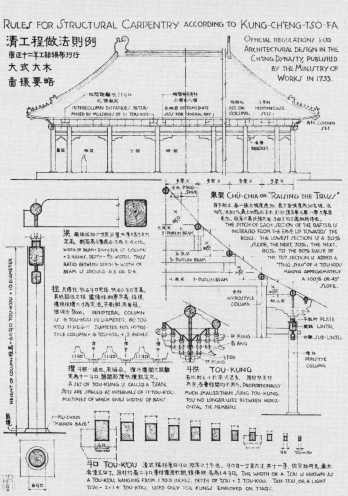

RULES FOR STRUCTURAL CARPENTRY ACCORDING TO KUNG-CH'ENG-TSO-FA

清工程做法则例
雍正十二年工部颁布刊行
大式大木
畫樣要略

OFFICIAL REGULATIONS FOR
ARCHITECTURAL DESIGN IN THE
CH'ING DYNASTY, PUBLISHED
BY THE MINISTRY OF
WORKS IN 1733.

柱間距離以十一斗口
之倍數定之
INTERCOLUMN DISTANCE/ DETER-
MINED BY MULTIPLES OF 11 TOU-KOU.

明間用平身科
六攒或八攒
6 OR 8 INTERMEDIATE
SETS FOR CENTRAL BAY

柱頭科
SET ON
COLUMN.

平身科
INTERMEDIATE
SETS

廊墻   檐墻   次間   明間
斗栱 TOU-KUNG
角科 CORNER
SET
一攒 BRACKET

舉架 CHÜ-CHIA or "RAISING THE TRUSS"
自下而上, 每一架之坡度漸加, 最下架領高為50%坡, 次
70%, 又80%等等以此類推加上去, 最後頂架加一舉八舉而自自
變高, 故舉之高世加之可由下到上遞加而得也.
THE PITCH OF EACH SECTION OF THE RAFTER IS
INCREASED FROM THE EAVE UP TOWARDS THE
RIDGE. THE LOWEST SECTION IS A 50%
SLOPE, THE NEXT, 70%, THE NEXT,
80%. TO THE 90% RAISE OF THE
TOP SECTION IS ADDED A
"PING-SHUI" OF 4 TOU-KOU
MAKING APPROXIMATELY
A 100% OR 45°
SLOPE.

多架 X
平水 P'ING-SHUI
4 斗口
3 PURLIN BEAM
五架梁
5 PURLIN BEAM
七架梁
7 PURLIN BEAM

金柱
HYPOSTYLE
COLUMN

梁 隨柱徑加一寸或二寸為梁寬以五四比之
定高, 約兩高為梁寬6·5或5·4之比.
WIDTH OF BEAM = DIAMETER OF COLUMN
+ 2 INCHES, DEPTH = .85 WIDTH, THUS
RATIO BETWEEN DEPTH & WIDTH OF
BEAM IS AROUND 6·5 OR 5·4.

柱 凡檐柱徑為6斗口柱徑 徑為60斗口定高,
其他諸柱之柱, 還檐柱如果為高, 佳視
檐柱柱徑增=寸為定高, 不開则無額枋,
柱徑為1/1000. PERIPTERAL COLUMN
IS 6 TOU-KOU IN DIAMETER, 60 TOU-
KOU IN HEIGHT. DIAMETER FOR HYPOS-
TYLE COLUMN = 6 TOU-KOU + 2 INCHES.

11斗口   11斗口   11斗口

攒 斗栱一组也,宋稱朵,清乃攒或攒間之距離
定為十一斗口,開間由攒數之攒數定之.
A SET OF TOU-KUNG IS CALLED A TSAN.
SETS ARE SPACED AT INTERVALS OF 11 TOU-KOU,
MULTIPLES OF WHICH GIVES WIDTHS OF BAYS.

斗拱 TOU-KUNG
在比例上小作宋式為多, 用材以及材
為主, 各專務相於不用也. PROPORTIONALLY
MUCH SMALLER THAN SUNG TOU-KUNG.
TOU NO LONGER USED BETWEEN HORIZ-
ONTAL TIE MEMBERS.

昂 ANG
斗口 TOU
升 KUNG

平板枋 PLATE
額枋 LINTEL
由額 SUB-LINTEL

檐柱
PERISTYLE
COLUMN

鼓鏡
-KU-CHING
"MIRROR BASE"

6斗口

斗口 TOU-K'OU 清式稱材廣日斗口,即斗之口也也, 斗口由一寸至六寸, 共十一等, 但宋所用凡尺, 最大
者重至百寸, 用材均為二斗口等材僅用枋槛頭修補, 高1·4斗口. THE WIDTH OF A TSAI IS KNOWN AS
A TOU-KOU, RANGING FROM 1 TO 6 INCHES, DEPTH OF TSAI = 2 TOU-KOU. TAN-TSAI, OR A LIGHT
TSAI = 2×1·4 TOU-KOU, USED ONLY FOR KUNGS EMPLOYED ON TIAOS.

HEIGHT OF COLUMN 柱高為 = 60 斗口 = 10 DIAMETER

图3-2 《工部工程做法则例》大式大木图样要略

和构件大小；后面的卷册是斗拱、门窗、石作、瓦作、土作和工料的估算。

可这两本书都用了特殊的术语，比如标尺寸不用分、寸、尺（更不用说厘米了）而用"材""口"之类。你怎么知道"材"是多大？"口"又是什么？一句话，没人看得懂那些标注。

怎么办？大家一起对着两本"天书"发呆吗？

梁先生想出了好主意：先易后难。清代离我们不远，而且清代的建筑就在眼前，清代的匠人还有活着的。还有"样式雷""算房高"的后裔在，不如先从清代的那本《工部工程做法则例》入手，边看书，边对照实物做具体的测量，不懂的地方问木匠石匠们。大家都认为这个做法好，切实可行，于是先从故宫着手，开始从实物里"读"天书。

第一节　初探京津冀

一深入下去，发现匠人们手头多少也有些资料，类似手画本之类。它们被称为"则例"。这其中有的是匠人们自己连写带画的教徒弟的"教材"，有的类似竣工图，还有的是从"甲方"那里偷偷抄录下来的一些官方规定的具体做法。朱启钤先生从旧货摊上弄到过30来本（多有心哪！），给它们起了个统一的名称：《营造算例》。这对于梁先生他们读懂"天书"多少也有些帮助。艰难的跋涉便从整理《营造算例》和测量故宫开始了（图3-3）。

在朱启钤先生、梁先生和刘敦桢先生的共同努力之下，这些杂乱无章的"算例"慢慢地变成了当今人们所看得懂的东西（图3-4）。陆续发表在营造学社的月刊上。这些研究成果为我国

图3-3 考察现场：在故宫拍照

建筑文库保存了一批珍贵的史料。前些年这套书已经公开发表了。前年我在老校友王其明先生的推荐下差点买了一套。后来考虑到这套书实在太重，无法扛回家，遂遗憾地做罢了。

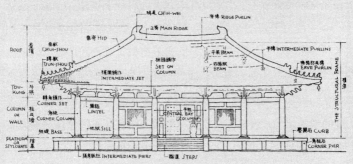

NAMES OF PRINCIPAL PARTS OF A CHINESE BUILDING
中國建築主要部份名稱圖

图3-4 中国建筑主要部分名称图

1932年3月，梁先生经过对清代的《工部工程做法则例》和《营造算例》细致艰苦地研究，写成了《清式营造则例》一书，林先生为之写了绪论。这是我国第一本以现代科学的观点和方法，总结中国古代建筑的构造和做法的读物。不过，在他们整个巨大的工作大厦中，这只是第一块奠基石。

同年，林先生撰文《论中国建筑之几个特征》一文中精辟地写道："中国建筑为东方最显著的独立体系，渊源深远，而演进程序单纯。历代继承，线索不紊，而基本结构上，又绝未因受外来影响，致激起复杂变化者……虽然因后代的中国建筑，即达到结构和艺术上极复杂精美的程度，外表上却仍呈现出一种单纯简朴的气象，一般人常误会中国建筑根本简陋无甚发展，较诸别系建筑低劣幼稚……外人论著关于中国建筑的，尚极少好的贡献。许多地方尚待我们建筑家今后急起直追，搜寻材料考据，作有价值的研究探讨，更正外人的许多隔膜和谬解处。"

在撰写《清式营造则例》的同时，梁先生和营造学社的同事们开始准备对中国古建筑进行大规模调查和测绘。朱启钤先生非常支持这个计划。他一直认为"研求营造学，非通全部文化史不可，而欲通文化史，非研求实质之营造不可"。但以前他缺乏这样的人才。现在有了梁、林、刘三大干将，这一愿望可得以实现了。

更因为就在此时，他们已经看见了外国学者对中国建筑有兴趣的脚步。

最早研究中国建筑的是18世纪英国皇家建筑师钱伯斯（William Chambers）。他在到中国旅游后写出了《中国建筑、家具、服装、机器与器皿之设计》和《东方造园论》。

随后，瑞典学者喜仁龙（Osvald Siren）所著的《北京的城墙和城门》在西方引起了更大的注意。

接着，法国学者沙畹写出《华北考古记》，法国另一学者伯希和写出《敦煌石窟图录》，德国学者鲍希曼也出版了《中国的建筑与景观》。在他们的书里，都有大量的实物照片，这些书更加令梁、林觉得自己的工作需要抓紧，时不我待呀，不然外国人对我国建筑的研究就要跑到我们自己前面去了。

更加刺激梁先生的是我们的隔壁邻居日本人。有个叫伊东忠太的日本学者，从1901年起就不断地来中国，考察中国的古建筑（图3-5）。

这位老先生不但拍了大量的照片，而且还画了许多图。他扬言要写一部中国建筑史。在营造学社开幕式上，被邀请与会的伊东忠太发言道："完成如此大事业（指撰写《中国建筑史》），其为支那国民之责任义务，固不待言。而吾日本人亦觉有参加之义务。盖有如前述，日本建筑之

图3-5　伊东忠太

发展，得于支那建筑者甚多也。据鄙人所见，在支那方面，以调查文献为主，日本方面，以研究遗物为主，不知适当否。"他这番话其实明显就是说，你们中国人也就配翻翻故纸堆吧，实际的调查考证测量拍照等工作，你们干不了，得我们日本人来。这段话极大地刺痛了梁先生等一干热血人士，他们更加下定了要走出去调查考证建筑实物，然后写一部自己的中国建筑史的决心。顺便说一句，伊东忠太在1925年还真是写完了他的日文版的《中国建筑史》。

30岁，正是"而立"之年。梁先生在自己30岁这一年立了一个志，要靠中国人自己的力量，撰写一本中国建筑史。这将是我们这个民族在建筑历史上永远辉煌的一处，而梁先生自己的一生，也因此注定了艰辛与坎坷。

在北京，放眼望去，除了天宁寺塔（隋，602年）（图3-6）、妙应寺白塔（元，1271年）（图3-7）和孔庙先师门（元，1306年）（图3-8）之外，满地都是明清的建筑或在明清被改造过的建筑。要想研究原汁原味的古建和它们的演变，必须找到更古的建筑，越古越好。

梁先生想起流传于北平的民

图3-6 天宁寺塔

图3-7 妙应寺白塔

图3-8 孔庙先师门

间谚语："沧州狮子应州塔，正定菩萨赵州桥"。其中正定菩萨所在的正定隆兴寺是离北平较近的一座古寺。他们决定先从那里着手。

正当他们整装待发时，杨廷宝先生突然风风火火地跑来。他说他刚在鼓楼的民众教育馆里看到那里有河北蓟县（现归天津）的几张风景照。其中有一张是蓟县的独乐寺。那硕大的斗拱引起了杨先生的注意和好奇，因此赶来告诉梁先生。梁先生马上放下手头的事务，跳上车到了鼓楼。进去一看，那相片上的独乐寺果然不一般。于是立即改变计划，带上他在南开上大学、这会儿正放春假的弟弟梁思达，首站去了独乐寺。

今天我们去独乐寺，简直太容易了：早上7点起床，踏踏实实吃完早餐，打着饱嗝，开上车从北京出发，沿京沈高速东行，最多俩钟头就到了。在那里转悠几个小时，连拍照带画画，插空吃个午饭，再不慌不忙地开车回家，正好赶上吃晚饭。但当年他们却是凌晨3点出家门，黄昏6点才到了蓟县。坐着那停停走走的破汽车，估计那感觉跟摇煤球差不多（自己是煤球）。最麻烦的还是住处和吃饭：土炕上跳蚤虱子肯定是成群搭伙等待着享受美餐，用餐时蚊子与苍蝇共舞，一个不留神，轻者拉肚子，重者染病。

梁思达在60年后回忆起这次的"探险"，如是说："天还没亮，大家都来到东直门长途汽车站，挤上了已经塞得很满的车厢……那时的道路大都是铺垫着碎石子的土公路……当穿过布满鹅卵石和细沙的旱河时，行车艰难，乘客还得下车步行一段。遇到泥泞的地方，还得大家下来推车。到达蓟县，已是黄昏时分了。就这样一批'土地爷'下车了，还得互相先抽打一顿，拍去身上浮土，才能进屋。"

梁先生回忆起这次行程，也写道："那辆在美国大概早就当废铁卖掉了的老破车，还在北平和那个小城之间定期地—或不如说是无定时地—行驶。出了北平城几英里，我们来到箭杆河。……那辆公共汽车在松软的沙土中寸步难行。我们这些乘客得帮忙把这老古董一直推过整个河床，而引擎就冲着我们的眼鼻轰鸣。"

当晚，梁先生打电话给林先生报平安："没有土匪。四个人住店一宿一毛五。"可知匪患是另一威胁。

兵匪之患在当时真是常有的事（图3-9）。在他们埋头于古建筑研究时，各路军阀正在打得不亦乐乎，不定什么时候，就呼啦一下子来了大兵。

独乐寺建于辽统和二年，北宋太平兴国九年（984年），早于宋《营造法式》颁布113年，上距唐灭亡仅77年，因此它的建筑形式正处于唐宋之间。这对研究建筑形制的起承转合极有帮助。

图3-9　军阀混战的年代

　　独乐寺现保存有山门、观音阁和马路对面的停车场北的影壁。可惜如今在寺前砌了一堵墙，把原本一体的影壁排除在外了。如图3-10，独乐寺影壁看起来还是受到保护的，后面那个微微露头的是独乐寺的大门门墩。

图3-10　今日的独乐寺影壁

　　观音阁是一座外面看着两层实则内部三层的建筑（图3-11），它用三层楼板（或称跑马廊）把一座高16米的泥塑观音围在了当中（图3-12、图3-13）。站在底层往上

图3-11　独乐寺观音阁

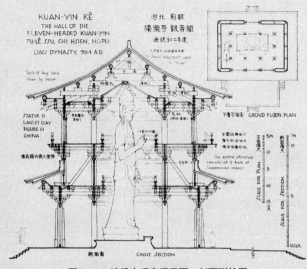

图3-12 独乐寺观音阁平面、剖面测绘图

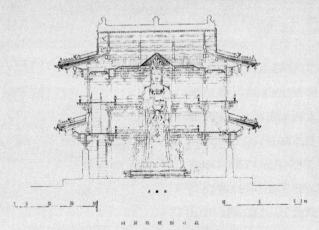

图3-13 独乐寺观音阁正剖测绘图

看，你几乎看不到观音的头，倒是可以闻闻观音的香脚丫子（图3-14）。观音脚底下的莲花座和身边的侍从也很近人。到了第二层，你就跟观音下垂的左手一般高了。上到第三层，你可以站在跟观音的胸一样高的地方近距离观看观音那慈祥的脸（图3-15）。用这种手法，聪明的古代匠人突显了观音的高大。

图3-14 从底层看观音

图3-15 从第三层看观音

山门和观音阁的突出特点是斗拱硕大（图3-16）。每层的斗拱高度竟然有柱高的1/2。这是与清代建筑上那些马蜂窝似的小而密集的斗拱完全不同的。观音阁大梁断面的高：宽=2：1，这已经很接近现代力学的计算结果了。而清代大梁断面的高宽比是10：8，显得蠢胖多了。总而言之，观音阁的斗拱给你一种

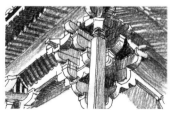

图3-16 观音阁角部斗拱

雄壮的美感，仿佛看电影里的那个浑身肌肉的超人。

独乐寺的山门面阔三间（16.63米），进深两间四椽（8.76米），单檐四阿顶，举高约1/4，建在石砌台基上，平面有中柱一列（图3-17）。此门屋檐伸出深远，斗拱雄大（图3-18），台基较矮，形成庄严稳固的气氛，在比例和造型上都是极成功的。山门里的一对哼哈二将看来是早期的作品，色彩剥落但孔武有力。

对梁先生他们来说，此实物仿佛为读懂《营造法式》开启了一扇窗，令他们豁然开朗。很多东西在宋代的《营造法式》里见过，如侧角、角柱的升起、起结构作用的斗拱。测量过这栋建筑后，《营造法式》里那些令人费解的名词都有了解释。

日本学者曾断言，中国国内保存最古的木构建筑是辽代

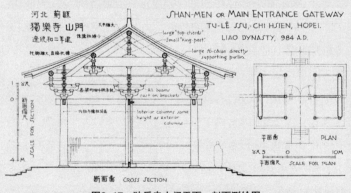

图3-17　独乐寺山门平面、剖面测绘图

的，它是山西大同华严寺（辽，1038年）。要想看比它更早的建筑，尤其是唐代建筑，那就要到日本去。独乐寺的考查，证明了独乐寺是比大同华严寺大54岁的"爹"，甚至是"爷爷"。当梁先生的《蓟县独乐寺山门考》一文在营造学社的杂志上发表后，日本建筑界大为震惊。营造学社这第一次的实物考察，便打破了日本人的断言。首战告捷，真是可喜可贺可庆。

图3-18 独乐寺观音阁山墙斗拱

这里要着重提一提的是蓟县老百姓的功绩。明末清初，蓟县有过三次大的战乱。逢到有兵匪到来，全县青壮年就自动围在独乐寺周围，手持菜刀木棍拼死保护。北伐战争后，蓟县国民党党部有人在"破除迷信"的口号下打算拍卖独乐寺，发一笔横财。消息传出，全县哗然，群情激愤和舆论指责致使此事未能得逞。独乐寺这座千年古刹基本完好保存至今，蓟县百姓得记头功。

在调查独乐寺后，梁先生大声疾呼，要求保护古建。他写道："观音阁及山门既为我国现存建筑物中已发现之最古者，且保存较佳，实为无上国宝。如在他国，则政府及社会之珍维保护，唯恐不善。而在中国，则无人知其价值。虽蓟人对之有一种宗教的及感情的爱护，然实际上，蓟人既无力，亦无专门智识。数十年来，不惟任风雨之侵蚀，且不能阻止军队之毁坏……此千年国宝，行将与建章、阿房同其运命，而成史上陈迹。……日本古建保护法颁布施行已三十余年，回视我国之尚在大举破坏，能不赧然。"

可以告慰梁先生的是，如今独乐寺得到了很好的照顾。为保护古建，一般不接受香火，且进门须买门票（40元）。这使得光顾者少了很多。我曾问过往来的市民是否曾进去过，大多数当地人都说门票太贵，没进去过。还有人说："进去干吗，在大街上不就看见了吗？"

好主意！经济实惠。

很多事情有时候就像项链一样，提起一颗珠子，就能带起一串。在调查独乐寺时，当地一位师范学校的教员告诉梁先生，他老家河北宝坻县（今天津市宝坻区）也有一个大庙叫西大寺，即广济寺，看着跟这里的独乐寺很像。回到北平后，梁先生设法弄到了宝坻广济寺的照片，看起来此建筑确实是明代之前的，于是当年6月份梁先生又带领原东北大学学生王先泽和一名工人，冒着雨季到来道路泥泞的困难，去了宝坻。这里又有一番描写："6月11日……那天还不到5点——预计的开车时刻，太阳还没出来，我们就到了东四牌楼长途汽车站，一直等到7点，车才来到。……汽车站在猪市当中——北平全市每日所用的猪，都从那里分发出来——所以我们在两千多只猪的惨号声中上车向东出朝阳门而去。……满载的车，到了沙上，车轮飞转，而车不进。乘客又被请下来，让轻车过去，客人却在松软的沙上，弯腰伸颈，努力跋涉。下车之后，头一样打听住宿的客店，却都是苍蝇爬满，窗外喂牲口的去处。我们走了许多路，天气又热，不禁觉渴。看路旁农人工作正忙，由井中提起一桶一桶的甘泉，决计过去就饮。但是因水里满是浮沉的微体，只得忍渴前行。"（1933年《正定古建筑调查记略》）（图3-19）。

图3-19　有水不敢喝

宝坻广济寺（西大寺）正中的三大士殿是辽圣宗太平五年（1025年）建，仅比独乐寺小41岁（图3-20）。它是一个四阿顶（清代称庑殿顶）、五开间四进深的大殿。斗拱巨大，出檐深远，屋脊两端的正吻也颇大（图3-21）。垂脊上的走兽竟有九个之多。

图3-20　考察现场：宝坻广济寺三大士殿

顺便说一句，佛教里称观音菩萨、文殊菩萨、普贤菩萨为三大士（图3-22、图3-23）。

殿内外当时已成了国军某骑兵团的草料场。十八罗汉们身陷草丛之中，虽然垂头，却不丧气，坦坦然若有所思（图3-24）。

这个大殿最大的特点是没有一块木头不起结构作用的。那硕大的斗拱仿佛与梁架浑然一体，不可分割（图3-25）。梁先生在

图3-21　考察照片：宝坻广济寺三大士殿正吻

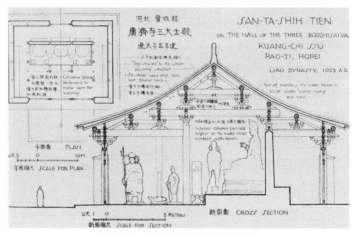

图3-22　宝坻广济寺三大士殿剖面

图3-23 三大士殿屋角

图3-24 寺内草中的十八罗汉

1932年的《宝坻县广济寺三大士殿》里写道："抬头一看，殿上部并没有天花板，《营造法式》里所称'彻上露明造'的。梁枋结构的精巧，在后世建筑物里还没有看见过。当初的失望，到此立刻消失。这先抑后扬的高兴，趣味尤富。在发现蓟县独乐寺几个月后，又见一个辽构，实是一个奢侈的幸福。"

这两次野外调查之后，营造学社逐渐形成了规律：春秋季出去调查，冬季在家绘图和整理材料（图3-26）。

图3-25 三大士殿顶上之"彻上露明造"

图3-26 测量三大士殿

为了减少调查中不必要的盘查和麻烦，营造学社向教育部和国民党北平市党部申请，使营造学社成为政府承认的学术团体。这项申请顺利通过后，如同手握了敲门砖，考察工作进行得顺利多了。至于测量仪器和照相机等，梁先生走了"后门"，是问自己在清华的同班同学，时任清华大学工程系主任施嘉炀先生借的。我前些年走访古建筑就不知道要这样一块敲门砖，以至于吃了不少闭门羹。

但是，梁先生他们并不满足于已发现的古建的古老程度。20世纪30年代，刚刚起步的年轻的中国考古人在我国西部发现近2000年前的汉代木笺。这证明木头是经受得住时间考验的。梁先生听说后特兴奋。他坚信，在中国大地上，一定会有唐代的木结构建筑屹立未倒。找，继续寻找。

这样，从1933年到1937年日本全面侵华，北平沦陷之前，营造学社的人员对河北、山西、陕西、河南、山东及浙江、江苏等地的古建进行了长达4年的考察（图3-27）。测绘整理了200多个建筑群，完成图稿1898张。留下了一整套研究中国

图3-27 当时的河北主要考察路线图

建筑的科学的、完备的、稀世珍宝般的资料。

此番调查和测量带动了北平市古建保护工作。从1935年起，北平成立了《旧都文物整理委员会》，对若干大型的古建筑如天坛祈年殿、正阳门等进行了大规模的修缮。梁先生和刘敦桢先生都是技术顾问。清华校友，基泰工程司天津分部的杨廷宝先生（图3-28）就负责了天坛祈年殿的修缮工程。梁、林二人作为修缮工程的顾问，也经常光顾现场（图3-29）。

河北正定，现在不大有名了，但是在古时候，这里却挺出名的。战国时期，正定属中山国（前296年被赵国所灭），汉高祖刘邦十一年（前196年）改名为真定府，意为"天下太平"。1400多年以来，正定一直是府、州、郡、县治所，是当时中国北方政治、经济、军事、文化的重镇之一，与北京和保定并称为

图3-28　杨廷宝

图3-29　梁思成和林徽因

"北方古镇三雄"。正定南城门上至今还镶有"三关雄镇"的石刻匾额。因此这里的古建自然相当多。这里还是三国名将赵云的出生地。

在一个街角，我看见几个让人买票射箭的摊位，都打着"赵云故里"的招牌，说是要沿袭学武之风云云。我禁不起诱惑花了10块钱射了10箭，中靶者3。别说赵云了，连花木兰都比不上。

在没去正定之前，梁先生他们只听说那里有个隆兴寺，还有"四塔"及阳和楼。当1933年4月梁先生、莫先生第一次去时，才发现那里的辽金古建不止这些。除了已知的几个外，还有开元寺钟楼、关帝庙（现已不存）、文庙等几处。可惜因为战事一度吃紧，他们在那里只待了一周就匆匆回北平了。梁先生心有不甘，当年11月份，又与林先生和莫先生重返正定。

正定隆兴寺里的摩尼殿、转轮藏殿均十分古老（图3-30、图3-31）。其中摩尼殿那复杂的屋顶，除了故宫角楼外，就只在宋代的国画上见过了。而且它的柱子断面有变化，下粗上细，柱

图3-30　隆兴寺摩尼殿一角

图3-31　隆兴寺转轮藏殿

头有卷刹，四个角的柱子比当中的柱子要高。这都是后世建筑中见不到的。

隆兴寺的建造年代当时未找到依据，但梁先生估计约在北宋年间。1978年摩尼殿下架大修时，在多处构件上发现墨迹，证明它重修于北宋皇佑四年（1052年）。可见梁先生的估计十分准确。

梁先生不但对建筑年代估得十分准确，连估文物也很在行。有一回他去拜访陈叔通老先生，见陈老那里有一尊小小的佛雕，便聚精会神地看了起来。陈老笑着说："你如果能猜得出这雕像的年代，我就把它送给你。"没想到梁先生脱口而出："这是辽代的。"陈老大吃一惊，但他是个一言既出驷马难追的人，说了给，就非给不可。梁先生执意不受，还开玩笑道："我可以接着猜下去，也许能把您收藏的一大半古玩抱走。"陈老一作揖："别，别，给我留着点吧。"

此乃题外之话，一笑了之。

穿过摩尼殿，有一座被梁先生称为"小珍品"的牌楼门。它是一个单开间的东西，而不像我们常看见的三开间牌楼。它的门上有横额，正面写"妙庄严域"，背面写"通津宝筏"。梁先生认为它"无疑的是座很古的结构"。但不知为什么没有对它进行测绘。此物已被毁，如今看到的是重建的。

转轮藏殿（图3-32）的当中是一个可以转动的直径7米的转轮藏。它实际就是一个八角亭子形状的大书架子（图3-33）。为了能让这个大家伙转动，古代工匠们在结构上是颇费了一番心思的。它

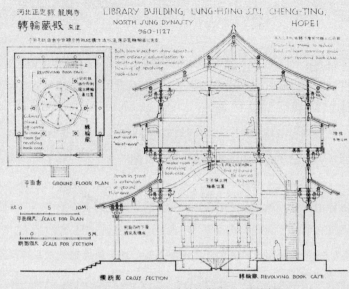

图3-32　河北正定隆兴寺转轮藏殿平剖面测绘图

的建造年代并不是日本古建专家所说的清代，而是梁先生所估计的宋代。虽然到底没找到真凭实据，但1954年大修时，发现有爱题词的人在悬柱上题"元至正二十五年（1365年）××到此一游"，证明此殿起码早于

图3-33　隆兴寺转轮藏殿内的转轮藏

1365年而建。看来满处题词也未必都是坏事。

梁先生在1933年的《正定古建筑调查纪略》里兴奋地写道："转轮藏前的阿弥陀佛依然是笑脸相迎，于是绕到轮藏之后，越过没有地板的梯台，再上大半没有地板的楼上，发现藏殿上部的结构，有精巧的构架、与《营造法式》完全相同的斗拱和许多许多精美奇特的构造，使我们高兴到发狂。"（图3-34）

图3-34 微笑的阿弥陀佛

我去正定隆兴寺时，正赶上寺庙大修。庙里请游人自愿捐款：20元钱一片瓦（黑灰色板瓦）。我问这瓦为什么比较贵，对方说是因烧制难度比一般黏土瓦大。我当即解囊，捐了10片瓦，也算为保护古建做点贡献吧。但愿那钱真正用在房顶上了。

隆兴寺里还有一个慈氏阁，它建于北宋，高两层，面阔3间，进深6架椽（3间），歇山顶。其平面、外观与转轮藏殿相似，是隆兴寺内仅存的3座宋代建筑之一。殿内的木雕弥勒佛像，高达7.4米，传说是用一根独木雕成，又因弥勒的意译为"慈氏"，因此将楼阁命名为"慈氏阁"。

虽然慈氏阁与转轮藏殿外观极为相似，但实际上，由于供奉的主体不同，殿内的梁架也按需设计，使两者梁架颇为不同。而慈氏阁檐柱的"永定柱"造法，更是唐宋古建筑中仅存的实例。

隆兴寺里另一个主要建筑是戒坛，它在门内甬道的尽头。这是凡人遁入空门的第一关：摩顶受戒（师父用手抚摸着要求出家者的头）的地方。这个戒坛建于清乾隆年间。可见那时隆兴寺已上升到了大型庙宇。建筑是一个正方体，四面都是三开间，屋顶为三重攒尖顶。其实这就是一个四面有墙的大亭子。

　　正定县再一座古建就是横跨正定主要的南北向大街的阳和楼了（图3-35）。它的屋顶是单檐歇山顶（图3-36），它的梁柱结合、山墙交构交代得一清二楚。因它建于元初，可以清楚地看出从宋向元过渡的迹象。可惜它在新中国成立前就被拆了，你我都看不见它。幸亏梁先生他们当初拍了照片（图3-37）。

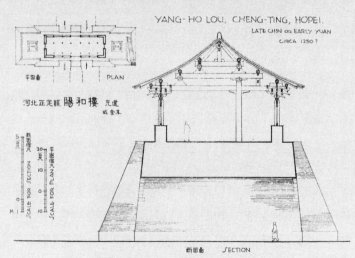

图3-35　河北正定阳和楼剖面测绘图

正定阳和楼奇在当中没有门洞，两边却开了两个。难道元代就有"新生活运动"，要求行人靠右走吗？

还有一个元初的建筑关帝庙，也已不存久矣（图3-38）。

建于唐贞元年间（785—804年），踪迹全无的广惠寺仅余一华塔（图3-39）。此塔的外形和平面都十分奇特（图3-40）。这样大的华塔，在中华大地上大约仅此一例。

正定的另一古迹是开元寺的钟楼。它的外形虽已呈明、清

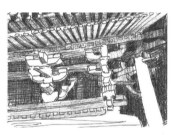

图3-36　阳和楼屋顶构造

图3-37　考察照片：正定阳和楼

图3-38　正定关帝庙前守门怒目而视的狮子

图3-39　当年破旧的华塔及塔顶

式样，但内部结构却保留有雄伟的斗拱，短粗的月梁（一种两头上翘的梁），说明它是唐代遗物。林先生还爬到屋顶上留影存照（图3-41）。开元寺始建于东魏兴和二年（540年）明代曾重修，楼上悬铜钟一口，亦为唐代遗物。

图3-40 华塔局部

图3-41 考察现场：钟楼倩影
后来林先生曾跟人说起，她可能是穿着旗袍爬上屋顶的第一个人吧

开元寺到处都有。每个皇帝上台，都觉得他开启了一个新纪元，于是就新建或改名字弄个开元寺。正定的这个开元寺是东魏兴和二年（540年）建的净观寺，在隋代改名为解慧寺，唐明皇李隆基上台后第三年随着改年号"先天"为"开元"而再次改解慧寺为开元寺的。我猜李隆基觉得自己先天不足吧，干吗不要'先天'了呢？

开元寺的塔为砖砌方形塔，高16丈（约53.3米），分九层。下面为石砌方座，底层四角有八尊石雕力士像。正面有一拱门，塔内为中空筒状上下畅通，无台阶登攀。各层正面有方门，四角悬挂风铎，顶部有葫芦形的塔刹。砖塔造型古朴、端庄，呈现出比较典型的唐代建筑风格。

老实说我去开元寺时都没怎么细看这个塔，仅仅给几名力士照了相后就被一巨大的赑屃所吸引。这个重107吨，长8.4米的巨无霸是2000年6月才从土里扒出来重见天日的，它原本驮着五代时一位大将军的纪功碑。大将军早已化为灰烬，碑也不知去向，唯有此物与世长存。怪不得人们说"千年王八万年龟"呢，还是有一定道理的。赑屃这个东西现实是没有的，传说它是龙的某一个儿子，其实它的原型就是龟。海龟乌龟不知，反正是一个长寿的物种。

在考察中吃尽苦头的林先生曾写信给小姑子梁思庄，好好地诉了一阵子苦："思庄……出来已两周，我总觉得该回去了。什么怪时候，赶什么怪车都愿意，只要能省时候……每去一处都是汗流浃背的跋涉。走路工作的时候，又总是早八点至晚六点最热的时间里。这三天来可真是累得不亦乐乎。吃的也不好，天太热也吃不大下。因此种种，我们比上星期精神差多了……整天被跳蚤咬得慌。坐在三等火车中，又不好意思伸手在身上各处乱抓，结果浑身是包……但每一次考察中的新发现，显然是解除一切旅途艰辛的良药。"

看到这里，我真忍不住都要流泪了。想那林大小姐从小不说锦衣玉食吧，也是娇生惯养，在家里有保姆，外出有小车的。能吃得这样难以想象的苦，那得是一种什么样的精神支撑着啊！

在考察中，他们发现过去的人有一个坏毛病：翻修老建筑时，完全不尊重原有的风格，只按当时流行式样把它改头换面。也不知道是上面的爱好，还是老师傅无能。近年来人们才认识到这一做法的巨大错误。梁先生对此大声呼吁，要"整旧如旧"。2000年我去蓟县独乐寺时，他们正在大修。提出的口号正是梁先生当年提出过的"整旧如旧"。具体做法是把所有构件都编上号，然后下架。看哪个地方的木头烂了，挖个方洞，补上新木头。在看不见的地方，可以用现代建材，所有看得见的地方都维持原样，甚至不刷色彩鲜艳的油漆。我看见已经做好的内墙竟然是荆条编的，上抹泥灰，很是称奇。

梁先生对"整旧如旧"有个形象的比喻，他说这好比自己在美国时牙科大夫给他镶牙，那假牙的颜色绝不是如年轻人一般的洁白，而是稍稍发暗，牙的间距也有所加大，如中老年人应有的一样。这样，看上去就一点不像假牙了。确实，我看见过一些老人，头上顶着硕果仅存的几根白发，却"长着"一口洁白整齐的牙，还真是别扭极了。

正定还有个天宁寺，也是仅存一始建于唐代的塔，名凌霄塔（图3-42）。看来人们期盼天下安宁的愿望是共同而强烈的啊。

图3-42　正定天宁寺凌霄塔

这个塔后经宋代重修，保存至今，不容易啊。

此天宁寺初建于唐咸通年间（860—874年）。和北京天宁寺的砖塔不同，凌霄塔是一个砖木混合塔，高41米，八角九级楼阁式，塔身宽大，建筑雄伟。一至四层是宋代在唐塔残址上重建，全砖结构，其上各层则为金代重建，砖木结构。塔顶置枣核形空心铁刹。塔的收分也呈弧线，很美。

在正定的最后一天，梁先生一行又去测量了县文庙。正定县文庙在正定老城内育才街。文庙，在很多地方也称孔庙，是祭奠孔子的场所。我国的各大城市，凡有些历史的，都有文庙（孔庙）。正定的文庙建于五代时期（907—960年）。现存影壁、泮池、戟门、东西庑殿和大成殿。其中大成殿是我国现存最早的大成殿建筑（图3-43）。它面阔五间，进深三间，单檐歇山顶。斗

图3-43 今日的正定县文庙大成殿

拱雄伟，除柱头铺作外，无补间铺作。

梁先生去时，那里正古为今用着"正定女子师范学校"的匾额高悬。校长因梁先生等皆是男人，又挺年轻，死活不让他们进去。经一再说明，才亲自陪同，实为监督。测绘完大成殿——现用作食堂，梁先生告诉那位对女学生爱护备至、须发皆白的老校长，这栋房子也许是全正定最古老的建筑物（五代或宋初）。校长喜出望外，遂殷勤地将这一行"怪人"送出校门。

如今的大成殿已被尊放到了显赫的位置，女子师范也没了踪影。可不知道为什么，看着反倒不亲切了。四周被居民楼包围，也没了附属建筑，就大成殿一个光杆司令。要不是两侧有几块老碑，我都以为它是新建的仿古建筑。

还有一个塔，也是没有了寺院的孤塔，是临济寺澄灵塔。临济寺澄灵塔，坐落于正定县城生民街东侧临济寺内，俗称青塔、衣钵塔，始建于唐咸通八年（867年），是为收藏临济宗开创人义玄禅师的衣钵而修建的，是一座砖砌八角九级密檐式实心塔。

定兴是河北省境内又一古城。大街上的牌楼当年就已摇摇欲坠（图3-44）。城内的慈云阁，原名大悲阁，始建于元大德十年（1306年），因阁内塑有大悲佛塑像而得名（图3-45）。

大悲菩萨指观世音菩萨。佛教里的诸菩萨都有伟大的悲天悯人之心，但观世音菩萨是慈悲门之主，故独得大悲之称呼。又有说大悲佛是释迦牟尼佛前身。咱没当过尼姑，也不是居士，所以不太明白谁是谁。反正进了庙门看见塑像就鞠躬准没错。

图3-44 定兴县大街上的牌楼
建于明崇祯二年（1629年），1946—1948年打仗时毁于战火

慈云阁在县城内十字街中心，建于元大德十年（1306年）5月，清康熙五十二年（1713年）重修，嘉庆二十五年（1820年）再次重修后改用今日之名。据县志记载，元大德年间龙兴寺住持僧宝德，因心疼旧大悲阁毁于兵乱，发愿重建，大德十年落成。原为一组建筑

图3-45 定兴县慈云阁旧貌

群，分前、中、后三部。1957年10月，因扩展马路拆除前后附属建筑。仅余慈云阁一座。慈云阁为二层楼阁式，坐北朝南，南北长12.6米，东西宽11.4米，平面近于方形，高约13米，重檐歇山顶，上下皆面阔三间进深三间，砖木结构，檐下有斗拱承托，工艺精巧，彩绘华丽，宏伟壮观，保存着元代建筑风格

（图3-46）。是中国古代建筑从宋代风格向明清风格过渡的最好例证。

慈云阁如今被很好地保护了起来，四周安置了栏杆。我把车停在路边，望栏兴叹了半天，最后决定还是遗憾地离开，而不是冒着被城管抓获的危险翻越栏杆。

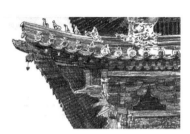

图3-46　慈云阁屋角细部

曲阳县的八会寺就很惨，几乎什么也没有了（图3-47）。

义慈惠石柱坐落于定兴县城西北20里的石柱村，因建于北齐年代（北齐太宁二年，即562年），所以老百姓称之为北齐石柱，至今已有1400多年的历史。此柱造型奇特，雕工粗壮有力，是遗存至今难得的北朝时代的艺术佳作（图3-48）。

图3-47　曲阳县的八会寺

全柱分基础、柱身与石屋三部分，通高6.65

图3-48　定兴县义慈惠石柱远眺

米。基础是一块大石板，没什么可说的；柱身就有点儿意思了，它的断面是一不等边的八角形，柱子自下而上逐渐收小。柱的上部，约于通高的1/4处，东南、西南两隅角为了镌刻题字而未削边棱，形成4个平面，颂文和题名等刻在柱身的各面；石屋建在柱顶之上，为一面宽三间、进深两间的单檐四阿顶屋。石屋下面一块长方形石板，作为屋的基础，也是柱身的盖板。石屋柱子卷煞收分以及其他手法，都是研究南北朝时期古建筑极其可贵的实物例证。

刻在石柱4面的"标异乡义慈惠石柱颂"九个大字具有很重要的史料价值（图3-49）。下面的3000余字，记叙了自北魏孝昌元年（525年）至永安元年（528年）间的一次大规模的农民起义。由杜洛周、葛荣领导的起义军转战幽州、燕州、殷州、冀州、相州之间，所向披靡，长达4年之久。定兴一带是起义军与统治者作战之地。石柱为起义失败后，当地百姓收拾义军残骸合葬一处建立的纪念碑。初为木质，后

图3-49　石柱近景

官府易木为石，并于柱上刻《石柱颂》。

因为有此一柱，这个村子的名字就叫"石柱村"。我问村民，是先有村子还是先有石柱，答曰："不知道，据我爷爷说，他爷爷小时就有这个柱子，大概先有石柱后有村子吧。"

我当年看见的石柱就是单独一个石柱。后来看了当时的考察照片，才知道敢情当初边上还有一尊石头的大佛和一面半坍塌的砖墙。这面砖墙掩护了大佛，虽然那里的冬天会很冷，北风那个吹，两只手似乎也被砍掉了，大佛依然半闭着眼面带微笑坦然淡定。看来这应该是一个庙宇的硕果仅存。但梁先生他们对此只字未提，我也就无从得知了。或许是纪念起义人员的庙宇吧（图3-50）。

图3-50　考察照片：石柱旁的大佛

1933年，在考察山西后，他们在北平休整和绘图了一段时间（图3-51）。这年11月，梁先生、林先生、莫宗江先生再次去正定补充了些资料，林先生带着资料回北平，梁、莫二人则南下到赵县，去调查民间传说的鲁班桥——赵州桥，学名安济桥。

在那里，他们还真看见了保存完好的千年古桥。它是隋代石匠李春所建。造桥年代是隋炀帝大业时期（605—617年）。这座横跨洨河的石桥是我国现存最古老的石桥（图3-52）。桥由一

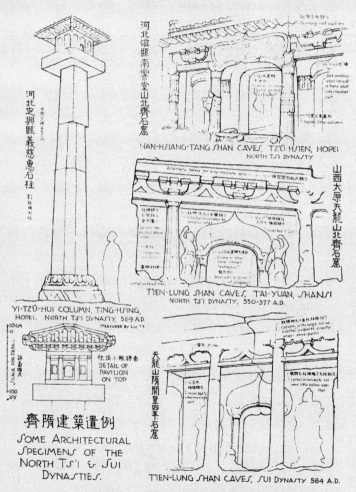

河北定兴县义慈惠石柱测绘图（图内文字，自左至右、自上而下）：

河北定兴县义慈惠石柱

河北磁县南响堂山北齐石窟
NAN-HSIANG-TANG SHAN CAVES, TZ'U HSIEN, HOPEI
NORTH TS'I DYNASTY

山西太原天龙山北齐石窟
T'IEN-LUNG SHAN CAVES, TAI-YUAN, SHANSI
NORTH TS'I DYNASTY, 550-577 A.D.

YI-TZ'U-HUI COLUMN, TING-HSING,
HOPEI. NORTH TS'I DYNASTY, 569 A.D.
MEASURED BY LIU T.T.

柱顶小殿详图
DETAIL OF
PAVILION
ON TOP

齐隋建筑遗例
SOME ARCHITECTURAL
SPECIMENS OF THE
NORTH TS'I & SUI
DYNASTIES.

天龙山隋开皇四年石窟
T'IEN-LUNG SHAN CAVES, SUI DYNASTY 584 A.D.

图3-51　河北定兴县义慈惠石柱测绘图

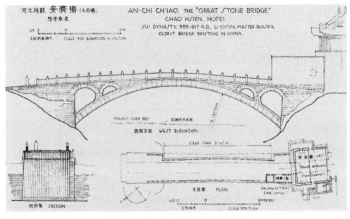

图3-52　河北赵县安济桥测绘图

个大拱和四个小拱组成。四个小拱骑在大拱之上，是此桥独特的地方。这是为了在山洪暴发时，使洨河那猛烈的洪水可以多几个泄洪道，更加顺利地通过石桥。就此，李春为中国造桥史添上了极重要的一笔，赵州也成了一个旅游景点（图3-53）。《小放牛》的曲子整日缭绕于桥上："赵州桥来什么人修？玉石栏杆什么人留？什么人骑驴桥上走？什么人推车压了一道沟嘛咿呀嗨？赵州桥来鲁班修，玉石栏杆圣人留，张果老骑驴桥上走，柴王爷推车压

图3-53　安济桥（赵州桥）

了一道沟嘛咿呀嘿。"歌中把隋代李春的功劳又归了春秋时代的鲁班了,我真替李春委屈。

除了安济桥,他们又调查了另两座桥,济美桥和永通桥。济美桥的栏板石刻极其潇洒,左面的一幅是一人正要回家,右面的一幅则是他躺在地上睡大觉了。梁先生发现拱券如意石底面有嘉靖二十八年(1549年)刻字。据此推断,该桥建造年代当在此间或更早些。

永通桥(图3-54)上形状各异的栏板望柱让他们感到十分好奇。一般的栏杆望柱,同一座桥式样都相同,即使是卢沟桥或颐和园十七孔桥,也仅仅是望柱柱头的狮子不同而已。但永通桥望柱的柱头却是花样百出,看来造桥的石匠们当时一定是举行了一场雕工比赛(图3-55、图3-56)。

永通桥已经被很好地保护了起来,在它的南面,建了一座公园,供人们健身、娱乐、闲谈用。古桥与新公园相得益彰。

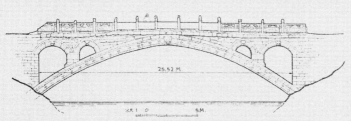

图3-54 河北赵县永通桥测绘图

图3-55　赵县永通桥栏板（一）

图3-56　赵县永通桥栏板（二）

听说赵县里还有一石塔，他们又去看了。到了那里才发现，原来那不是塔，而是一座经幢（图3-57）。经幢是一种刻有佛经的塔形构筑物，为了镌刻方便保存久远，这类经幢往往是石头造的。唐宋时代，这类经幢遍及大江南北，明代以后，渐渐少了。赵州城的这座经幢是北宋初年的产物，是国内现存经幢里最大的一座。我在北京西山的戒台寺里看到过一座小型经幢，也就是不到两人高吧。

这个赵州（今赵县）开元寺的陀罗尼经幢始建于北宋景祐五年（1038年），由当地石匠何兴、李玉等建造。它通高16.44米，相当于五、六层楼

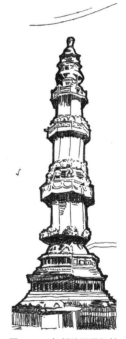

图3-57　赵州陀罗尼经幢

高。经幢最下面是四方的
须弥座，上为八角须弥座
（图3-58），再上雕廊屋，
再上是宝山，然后才是经
幢的主体。主体之上有宝
盖、八角城墙，上刻太子
出四门的故事。最上为宝

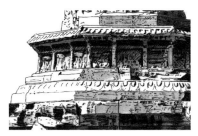

图3-58　八角须弥座局部

顶。此经幢整体造型匀称，石刻浮雕精美，矗立在一个十字路口
当中，成了赵县一景。

第二节　山西之行

1933年9月，梁先生、林先
生、刘敦桢先生、莫宗江先生
和一名工人一同前往山西大同
（图3-59）。大同之行是早就盼着
的：这里是南北朝时期佛教文化中
心，又曾当过辽、金两朝的陪都。
可看、可研究的东西太多了。

事实上，整个山西省都是考察
古建的好去处。虽然这里不曾有过
什么大国都城，然而它是个商业大

图3-59　莫宗江在山西

省。自古以来，山西就是中原华夏民族与北方各民族文化交汇的天然通道。上古时期，中原各国的经济和军事实力不断增强，使得北方各民族逐渐融合于华夏族。到春秋后期，双方的界限几乎消失。在明清时期的五个多世纪里，山西商人从盐业起步，发展到棉、布、粮、油、茶、药材、皮毛、金融等各个行业，并把商贸活动扩展到全国各地，甚至远及今天的蒙古国、俄罗斯、朝鲜、日本等国。晋商的魄力之大、足迹之远、财富之巨，让世人认同了"无西不成商"的历史事实。

在历史演进的过程中，山西地区留下的3.5万处文物古迹。1961—2019年，8批《全国重点文物保护单位》榜单上，山西累计上榜单位数量第一（532处）、河南第二（417处）、河北第三（286处）。因此山西省可称得上是了解和欣赏华夏文明的大展厅。

我大学时的好朋友王敦衍曾在山西工作了好长一段时间，可惜每次同学见面都忘了问问她有关山西古建的问题。下次再见面一定要补上。

1933年9月6日，梁先生一行到达大同。住宿当然又是首要问题。多亏大同火车站的站长李景熙是梁先生在美国的同学，李先生和他的一位同事把考察队一行五人请到了自己家中，解决了住宿问题。至于吃饭，因为营造学社已属政府管辖，他们遂向大同市政府求援。市政府还真帮忙，出面并在大同最上等的酒楼接待，每人每日三餐各供应一大碗汤面。这大概是营造社历次野外考察中待遇最好的了。

在大同市，首先映入人们眼帘的是一个三层高的钟楼（图3-60）。说是钟楼，其实它很像个城门楼，它的下面是可以过人的。

图3-60　大同钟楼

奇的是这座钟楼的各层斗拱数量不等：底层每间补间铺作一朵（即除了柱子上的斗拱外，柱间又有一组斗拱）；而第二层只有当中的一间加补间铺作一朵；到了第三层，又变成每间补间铺作两朵。县志上说此楼建于明代，从斗拱还很大这一点来看，应属明代早期。

在大同过了舒服的一夜。7日下午到9日上午，梁思成一行考察了云冈石窟，并于9日中午返回大同城内。

世界闻名的云冈石窟位于大同西15公里武周山中的云冈村。此山高不足百米，东西长数里。石窟为北魏文成帝时期开发。

文成帝是历史上出名的笃信佛教的皇帝。这座石窟最初仅有的5窟就是他下令开凿的。石窟里的雕像个个精美异常，但不知为何上千年来一直没有引起国人重视。直到前面提到过的日本学者伊东忠太和中国史学家陈垣相继发表文章予以介绍，才为世人知晓。

在云冈的石窟中可以清晰地看到外来文化对中国本土文化的影响。专家对石窟中的文化关注颇多，但没有人系统研究石刻中表现的建筑艺术，而梁思成打算在这方面做一些突破（图3-61）。

云冈考察环境的恶劣出乎他们的想象，这里一片荒凉，没有游客，也没有旅馆，触目所及是一片空旷的山崖，一棵树也没有，地里的庄稼还没有一尺高，皆因为土地太贫瘠了。

这个石窟的特点是在中国文化里掺入了外国文化元素（希腊、波斯和印度）。几下里融会贯通，产生了与纯中国风格相当不同的结果。这是文化艺术史上很有趣，很值得研究的现象（图3-62）。

梁先生、林先生一行人为这座石窟倾倒。为了准确测量和介绍它，5个人住在当地老乡"慷慨"地让他们白住的没门没窗的"屋子"里。云冈一天里温差很大，中午考察时非常炎热，晚

图3-61　考察现场：一行人在
　　　　　云冈石窟前

图3-62　云冈石窟及前面的石佛古寺

上却冷得盖上棉被也要缩成一团，吃着煮土豆和棒子面糊糊，能有咸菜就是莫大的幸福。但云冈的魅力是那么大，这几个年轻人毫不在乎生活条件的艰苦，满怀热情地投入工作，完成了对石窟的布置、建造年代和石刻上所表现的建筑物的细致的测量和研究。

两天的辛勤工作，他们获得了两方面的成就：一是考察了洞窟本身的布置、构造及年代，和敦煌等石窟做了简单比较；二是研究石窟中的石刻上所刻的建筑物，对刻在石头上的建筑细节进行临摹和拍照，推究当时的建筑情况，以取得研究北魏及更早时期木结构建筑的间接资料（图3-63~图3-67）。

10号到16号，梁、莫、刘三人又去了大同的名刹上华严寺、下华严寺和善化寺。

图3-63　云冈石窟第三窟大佛

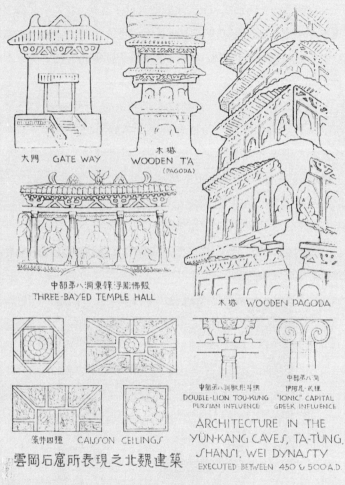

大門　GATE WAY

木塔
WOODEN T'A
(PAGODA)

中部第八洞東鐘:浮刷佛殿
THREE-BAYED TEMPLE HALL

木塔　WOODEN PAGODA

中部第八洞獸形斗拱
DOUBLE-LION TOU-KUNG
PERSIAN INFLUENCE

中部第八洞
伊阿尼-式柱
"IONIC" CAPITAL
GREEK INFLUENCE

藻井四種　CAISSON CEILINGS

ARCHITECTURE IN THE
YÜN-KANG CAVES, TA-TUNG,
SHANSI, WEI DYNASTY
EXECUTED BETWEEN 450 & 500 A.D.

雲岡石窟所表現之北魏建築

图3-64　云冈石窟测绘图

图3-65　云冈石窟第五窟大佛

图3-66　菩萨

图3-67　云冈石窟浮雕
西式的爱奥尼柱子与中式的斗拱并存

上华严寺是以大雄宝殿为主体的一组建筑（图3-68）。此殿始建于辽清宁八年（1062年），后毁于战火，金天眷三年（1140年）重建。它面宽九间，进深五间，建筑面积1559平方米。它不但是我国现存辽金时期最大的佛殿，也是我国最大的两个佛殿之一（另一个是辽宁省义县奉国寺大殿，建筑面积1800多平方米）。

图3-68　上华严寺山门

上华严寺大雄宝殿的琉璃正吻高4.5米，北端的那个经考证是金代遗物。此物图案精美细致且历经沧桑至今光泽灿烂（图3-69）。

殿内有被称为"五方佛"的5尊佛像。当中3个是木雕，左右两尊为泥塑。殿内墙壁上有清代绘制的21幅巨型壁画，色彩鲜艳保存完整，其面积之大仅小于芮城永乐宫壁画，居山西省第二。殿内还有可称上乘的辽代佛爷塑像，个个体态优美，表情深沉。

图3-69　琉璃正吻

下华严寺的主要建筑薄伽教藏殿是一座藏佛经的图书馆，建于辽重熙七年（1038年）（图3-70）。试问，在那个年代，国内外专门的宗教图书馆能有几座？

图3-70　下华严寺薄伽教藏殿

何况书柜制作之精致，U字形排列之巧妙，绝对是国内独一无二的。

合掌露齿菩萨是薄伽教藏殿内的著名彩塑（图3-71）。据当地人说，这里面还有个故事，辽代皇家征调能工巧匠修建华严寺，城外有个雕造技术出众的巧匠，因为不忍心留下年轻的独生女儿一人在家，便不应征。这惹恼了官府，总管以"违抗皇命"的罪名把他痛打一顿，捉去做塑像。他女儿惦念老父亲，便女扮男装，假充工匠的儿子，托人说通总管，前来照顾老父亲，并主动替大伙煮饭烧菜，端茶递水。她见父亲和工匠们塑造神像时苦苦思索，便常站在一旁，做出双手合十、闭目诵经的姿态，为他们

图3-71　合掌露齿菩萨

祈祷。雕工们看着姑娘的样子受到感动，便依着她的身段、体形、动态塑造了这尊菩萨。

图3-72　善化寺全景

图3-73　善化寺山门（作者拍摄）

善化寺建于金天会六年（1128年），是在契丹、女真族人统治下所建的一个建筑组群（图3-72）。

善化寺现在还保留下来的有四座主要建筑和五座次要建筑（图3-73）。拿它和建造年代相距不远的正定隆兴寺比较，善化寺宽阔而宏大，大殿的屋顶均用庑殿顶（图3-74~图3-76）；隆兴寺则深邃而细致。

从建于1038年的华严寺薄伽教藏殿，到建于1128年的善化寺三圣殿，近100年之间建筑物在平面、结构、造型的不同特

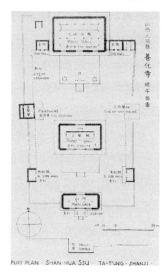

图3-74　山西大同善化寺总平面测绘图

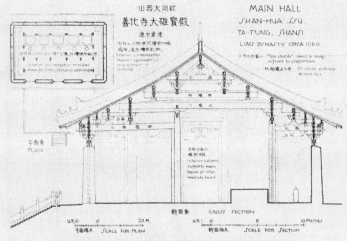

图3-75　山西大同善化寺大雄宝殿平剖面测绘图

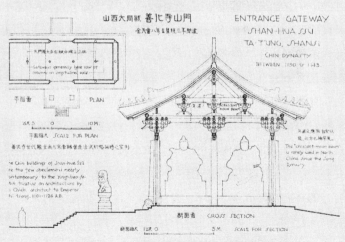

图3-76　山西大同善化寺山门平剖面测绘图

点，可以清楚地看出辽金时代建筑的演变，显示出了两个不同民族的风格差异。

前面提到我国现存最大佛寺，除大同华严寺外，还有一座佛寺，无论从年代上还是规模上都是华严寺的哥哥，那就是位于辽宁省锦州义县的奉国寺（图3-77）。此寺位于义县城内东街，建于辽开泰九年（1020年），初名咸熙寺，金代改称奉国寺。因寺内有辽代所塑七尊大佛，俗

图3-77　考察照片：奉国寺全貌

图3-78　辽宁义县奉国寺大雄宝殿内七大佛

称七佛寺（图3-78）。这七尊高9.5米的大佛，个个面貌圆润，体态丰盈，是佛寺中不可多得的艺术品。大雄宝殿位于该寺中轴线的北端，面宽九间55米，进深五间33米，总高度24米，建筑面积1800多平方米。它不仅是国内辽代遗存最大的木构建筑，且因其面积全国最大，又堪称中国寺院第一大雄宝殿。殿内梁枋及门拱之上有飞天、流云等辽代彩画，四壁绘有元、明时期壁画。梁先生称它为"千年国宝、无上国宝、罕有的宝物。奉国寺盖辽代佛殿最大者也"。

此寺还有一大奇特经历。中国古代著名的佛教寺院的原始建筑几乎无一不遭破坏毁灭，唯独供奉列尊佛祖的奉国寺不可思议地躲过了五次劫难，而雄姿依然。第一劫，金灭辽战争。第二劫，元灭金战争。元大德七年（1303年）碑刻记载：“……兵起，辽金遗刹，一炬列殆尽，独奉国寺孑然而在，抑神明有以维持耶，人力有所保佑耶……”。第三劫，元代大地震。元至元二十七年（1290年），武平（今宁城）发生强烈地震，地震波及奉国寺，周边房屋均坍塌，而奉国寺殿宇仍巍然屹立。第四劫，辽沈战役义县攻坚战。最奇特的就是这次经历了：1948年10月1日，奉国寺大雄宝殿屋顶被一枚炮弹击穿，此炮弹落在佛祖释迦牟尼佛双手之中，有惊无险的是炮弹没爆炸，如同飞来一块板砖一样，打伤了佛像右手（1950年原辽西省拨专款派文物专家刘谦对其进行了修复）。另有两枚炸弹落在寺院中也是哑弹。第五劫，“文化大革命”。1966年红卫兵造反，奉国寺也先后遭全国各地数十拨红卫兵光顾，但在国务院公布的“全国重点文物保护单位”标志面前未敢造次，致使奉国寺躲过了第五次，希望也是最后一次劫难。

　　考察完善化寺，刘敦桢便回京去了。17日，梁先生和莫宗江二人从大同到达应县，去考察木塔。

　　在去大同之前，梁先生就听说山西应县有个大木塔。他担心木塔是明清所建，值得一看与否不能确定。可跑遍北平各大图书馆，有关应县的资料里均查不到这座木塔的任何信息。无奈之下，梁先生只得给应县去了一封信，希望他们拍一张大木塔的照片寄来。因不知道具体地址，聪明的梁先生在信封上写上"应县最大的照相馆收"，还附上一元钱，便提心吊胆地等着。不久还真有了带相片的回信。幸亏整个应县就有一个照相馆，那封信想寄错了都难。梁先生一看那张照片，拍案叫绝，立刻决定把应县列为大同之后的下一个目标。

应县木塔属于一个叫佛宫寺的寺庙。寺庙早已不存，仅余一座高67.3米，直径30.27米的九层重檐木构佛塔。木塔始建于辽清宁二年（1056年）。除了塔基和首层的墙壁是砖石的，塔刹是锻铁的以外，全部构件均为木制。且不说它优美典雅的轮廓，也不谈它高大雄伟的外形，光是900余年构件不朽，且久经雷劈电打，山崩地裂的考验而屹立不倒，就足够称得上"世界第一木塔"了（图3-79~图3-82）。

对于这个精美绝伦的大塔，梁先生注入了无限的爱。他在给林先生的信中深情地写道："今天正式地去拜见佛宫寺塔……好到令人叫绝，喘不出一口气来半天……我的第一个感触，便是可惜你不在此同我享此眼福，不然我真不知你要几体投地的倾倒！……这个塔真

图3-79 应县佛宫寺木塔写生

图3-80 考察照片：
应县佛宫寺木塔

图3-81 山西应县佛宫寺木塔
立面测绘图

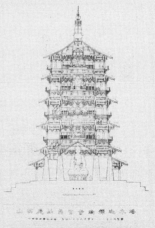

图3-82 山西应县佛宫寺木塔
剖面测绘图

是个独一无二的伟大作品。不见
此塔，不知木构的可能性到了什
么程度。我佩服极了，佩服建造
这塔的时代，和那时代里不知名
的大建筑师，不知名的匠人。"
梁先生对妻子和对古建筑双重的
爱，清楚地表露在字里行间（图
3-83）。

图3-83 梁、林二人照片

　　我们知道，如果一个平面是
方形的，那么它的交角会好处理得多，尤其是对木结构，只要互相
垂直就行了。可此木塔是八角形的，而且每层屋檐都用斗拱托出。
每个角的支撑之复杂，难度之大，可想而知。但古代的工匠硬是做
到了，而且做得很美：塔身不是直上直下，而是渐渐往里收小。我
们这些后人不得不为他们竖起一个大拇指，说一声："棒！"

　　这个复杂带出了另一个复杂：测量。但梁先生他们以惊人
的毅力，硬是完成了。在对塔刹进行测量时，上面呼呼的大风吹
得人几乎无法立足。那里倒是有一根铁链子，但天长日久的，谁
能保证它没有被锈断了呢？几乎垂直的铁质塔刹又光不出溜的没
个抓处。但梁先生硬是凭着当年在清华练就的爬绳的功夫，率先
拉着铁链子，双脚悬空地爬了上去（臂力了得！）。其他人也跟
了上去，完成了最后的测量（图3-84、图3-85）。我们这些后人
不得不为他们竖起两个大拇指，说一声："真棒！"

图3-84　考察照片：登塔刹　　　　图3-85　应县木塔剖面
（注意那根铁链子）

　　莫宗江先生回忆道："梁先生爬梁上柱的本事特大。他教会我们，一进殿堂三下两下就爬上去了，上去后就一边量一边画。应县木塔这么庞大复杂的建筑，只用了一个星期就测完了。"（图3-86）。

　　当然，事情不是真的那么轻松。在梁先生给林先生的信中，他写道："相片已照完，十层平面全量了，并且非常精细。将来誊画正图时，可以省事许多。明天起，量斗拱和断面，又该飞檐走壁了，我的腿已有过厄运，所以可以不怕。"

　　这就是梁先生的性格，在困难面前不仅不怕，还很乐观。

图3-86　考察现场：梁先生在塔内

因为他心中有目标，有大爱。

　　24日，二人抱着一摞草图，从应县到浑源考察悬空寺（图3-87）。据金庸的小说《笑傲江湖》里描写，这里在古时候是五岳之一恒山派的基地。书中描写道："下了见性峰，趋磁窑口，来到翠屏山下。仰头而望，但见飞阁二座，耸立峰顶，宛似仙人楼阁，现于云端。"那两座楼阁"皆高三层，凌虚数十丈。相距数十步。二楼之间，联以飞桥。"登楼北望，"于缥缈烟云之中，隐隐见到城郭出没，磁窑口双峰夹峙，一水中流，形势极是雄峻。"

　　之所以非要在山崖上建庙，都是南北朝北魏天师道长寇谦之闹的。这位

图3-87　远眺山西浑源悬空寺

寇道长（365—448年）仙逝前留下遗训：要建一座空中寺院，以达"上延霄客，下绝嚣浮"。之后天师弟子们多方筹资，精心选址设计，悬空寺终于在寇大师死后43年的北魏太和十五年（491年）建成。不容易啊！

这是一座佛、道、儒三教合一的独特寺庙。悬空寺建筑极具特色，以如临深渊的险峻著称，老百姓提起它，都说："悬空寺，半天高，三根马尾空中吊"。

悬空寺呈"一院两楼"布局，总长约32米，楼阁殿宇40间。它的总体布局是南北两座大殿，当中用10米长的长线桥连接（图3-88）。两座雄伟的三檐歇山顶高楼好似凌空相望，悬挂在刀劈般的悬崖峭壁上，三面的环廊合抱，六座殿阁相互交叉，栈道飞架，各个相连，高低错落。全寺初看去似乎是用木柱支撑，其实真正受力的构件是半插进山体的横梁。用它们和木柱紧密相连形成了一整个木质框架式结构。看来古代的建筑师和结构师要么是同一拨人，要么就是合作紧密。

当日考察完毕，梁先生觉得还要补充一些华严寺的照片和尺寸，于是二次去大同。26日由大同返回北平。此次山西之行历时20天。

1934年夏，在汾阳

图3-88　悬空寺局部

城外峪道河有座别墅的美国人恒慕义（Arthur W. Hummel）回美国去了，临走时他邀请费正清夫妇去他的别墅住，顺便给他看房子。有这样好的机会，费正清夫妇自然不会忘了梁、林夫妇这对着迷于古建的朋友。于是就有了梁、林的第二次山西古建考察。

《晋汾古建筑预查纪略》里，林先生说："去夏乘暑假之便，作晋汾之游。汾阳城外峪道河，为山右绝好消夏的去处。地据白彪山麓，因神头有'马跑神泉'，自从宋太宗的骏骑蹄下踢出甘泉，救了干渴的三军，这泉水便没有停流过，千年来为沿溪数十家磨坊供给原动力，直至电气磨机在平遥创了山西面粉业的中心。这源源清流始闲散的单剩曲折的画意。辘辘轮声既然消寂下来，而空静的磨坊，便也成了许多洋人避暑的别墅。"

这次机会对梁、林的考察大有帮助，因为他们起码不必老是骑驴或坐骡车，而是有时候可以坐上福特车了。当然，这也招致了沿途老百姓的好奇，常有人问他们是哪国人。当地人无法想象，黑眼黑发的中国人竟能跟碧眼金发的外国人在一起，还能叽里咕噜地说外国话。

其实，即使说着正宗普通话的人如我，和山西人沟通也不易。我去悬空寺时路过一村庄问路。我一字一字地问："悬空寺？"那人却反问我："思妈命资？"未得到答案的我开动车子后，边走边对这四个字思考良久，忽然悟出那句话乃是反问我"什么名字？"的意思，遂独自前仰后合地笑了很久。

林先生在《山西通信》中兴奋地写道："居然到了山西，

天是透明的蓝，白云更流动得使人可以忘记很多的事。更不用说到那山山水水、小堡垒、村落、反映着夕阳的一角庙、一座塔，景物是美到使人心慌心疼。"

她生动地写道："教书先生出来了，军队里兵卒拉着马过来了，几个女人娇羞地手拉着手，也扭着来站在一边了，几个小孩子争着挤，看我们照相，拉皮尺量平面。教书先生帮忙我们拓碑文。说起来这个庙那个庙，都是'年代可多了'。什么时候盖的，谁也说不清了……'年代多了吧？'他们骄傲地问。'多了多了。'我们高兴地回答：'差不多一千四百年了。'……我们便一齐骄傲起来。"（图3-89、图3-90）

图3-89　考察路上照片

据费正清的回忆："我们在北京和思成在一起的时间是很有限的，但在峪道河他就是我们中间的一员了。我们四个人每天三顿饭都在一起吃，头一天我们就发现他爱吃有辣椒的菜。这个沉默寡言的人在饭桌上可是才华横

图3-90　考察现场的群众

溢的。我们吃饭的时候总是欢闹声喧。饭后他就专心致志地研究当地的建筑，找寻古建筑物，或者翻阅他带来的历史地理书籍来进行准备。他拟制了一个考察计划，准备从在我们北边大约90英里的省城太原沿汾水南下直到赵城，一共搜索8个县。"这8个县分别是太原、文水、汾阳、孝义、介休、灵石、霍县、赵城（图3-91）。

他们首先去了距此地不远的洪洞县，因为一年前，汾水下游的赵城广胜寺发现了金版藏经，在学界名声大噪。梁思成认为如果藏经是金代的，那么寺院本身很可能是宋金时期的，而此前在山西他们还没有发现宋代以前的建筑。于是四人租了汽车前往考察。此时滂沱的夏雨把土路变成了烂泥塘，没走多远只好弃车，改乘驴车或徒步继续前行（图3-92）。到第三天，远远看见

图3-91　手绘的考察路线图

霍山顶上广胜寺上下两院殿宇及宝塔，塔身遍体镶嵌的琉璃在夕阳渲染中闪烁辉映，待四人赶到下寺时已在暮霭中，然而下寺的辉煌说明它果然是不负众望的建筑瑰宝，好像是对四人这一番辛苦的奖赏（图3-93）。

林先生写道："我们首先来到了上广胜寺。我第一次见到琉璃塔，满脑子只有华美二字。威武雄壮的力士、云烟萦绕的楼阁、慈眉善目的佛祖、肃穆端庄的菩萨……其他人饶有兴致地研究着塔的形制和上面的故事，我却只是呆呆地绕了塔一圈又一圈，单纯为它的美倾倒。一款一式的精雕细琢，我只能用如梦似幻来形容这种感觉。"

被二位如此推崇的广胜寺位于山西洪洞县（就是'苏三起解'的那里）城东北17公里的霍山南麓。寺院本身分上下两寺。上寺在山顶，下寺在山麓，相距500米多，上寺大部分经明代重建，下寺的建筑基本上都是元代修建的。上寺由山门、飞虹塔、弥陀殿、大雄宝殿、天中天殿、观音殿、地藏殿及厢房、廊庑等组成。下寺由山门、前段、后殿、垛殿等建筑组成。

图3-92　骑着毛驴的考察者

图3-93　广胜寺琉璃塔局部

广胜寺最早于东汉建和元年（147年）创建，再建于唐，毁于元大德七年的地震，元延祐六年（1319年）再次重建的。现存建筑是明代嘉靖六年（1527年）重建的，天启二年（1622年）底层增建围廊，但形制结构仍具元代风格。山门内为塔院，飞虹塔矗立其中，它的斗拱使用巨大的昂、斜梁和圆梁，在别处都是少见的。

塔的名字很美，叫飞虹塔。颜色也美，是琉璃塔。它所属的寺广胜寺虽然是元代的木构，塔却是明代的砖塔。进得山门拾级而上就是塔院的正门——垂花门（图3-94），垂花门上不仅有琉璃制成的屋脊、花饰，甚至彩绘、透雕龙莲花饰的挂落一应俱全，非常讲究。塔院中最主要的当然就是这座八角十三层琉璃塔。塔高47.31米。塔身由青砖砌成，各层皆有出檐。以黄、蓝、绿三色琉璃烧制的斗拱、莲座、佛龛、力士、神将、飞龙、飞凤、团龙、牡丹等图案，捏制精巧，彩绘鲜丽，至今色泽如新。在琉璃烧制最上一层均是龙头或兽头状，3层转角处做成力士扛柱，设计者的匠心可见一斑。

塔内攀登的梯子每步高约60厘米，而宽仅10厘米，其上升的角度约为60°。梯子两旁的砖墙上挖了小洞，既可放烛火，也可供攀登者手扶之用。流

图3-94 广胜寺塔院大门

彩的塔身、炫着蓝光的风铃使这座塔夺走了所有人的眼光，令自身成了整个寺院的代表（图3-95）。

图3-95 飞虹塔全貌

林先生对飞虹塔也有所评价："全部的权衡上看，这塔的收分特别的急速，最上层檐与最下层砖檐相较，其大小只及下者三分之一强。而上下各层的塔檐轮廓成一直线，没有卷杀圜和之味。各层檐角也不翘起，全部呆板的直线，绝无寻常中国建筑柔和的线路"（《晋汾古建筑预查纪略》）。

大师到底是大师呀，不是一看见古建就赞不绝口，而是有自己的看法。本来嘛，谁说古代的工匠个个都是超人，其作品一定是不朽的传世佳作呢。

下寺的山门前后各有垂花雨搭悬出檐柱以外，配上白色外墙，看上去很美。而下寺的正殿为了增加活动空间，柱子灵活地减少和移动，这也是明清以后正规建筑里所没有的，很值得借鉴。

广胜寺里还有个龙王庙，庙建于元泰定元年（1324年）。它是所有龙王庙里最古、最大的一个。龙王庙的墙上有非宗教题材的元代壁画，可算得国宝。

若干年前我也曾去广胜寺，但不是考察古建，而是因为在这个寺里曾经有个动人的保护金藏的故事。如前所述，这个寺院内曾保存着一部金代手抄的佛经巨著《赵城金藏》。此书成于金大定十八年（1178年），是我国大藏经中的孤本。由山西潞州女子崔法珍断臂苦行，大家为她募捐得来的钱印的。因其刻成于金代，加上原经藏在赵城镇的这个广胜寺飞虹塔内，所以起名《赵城金藏》。原著约7000卷。

1942年春，侵华日军派遣所谓"东方文化考察团"来赵城活动。也不知哪个汉奸告诉日军有这么个宝贝，于是日军向寺内提出要于农历三月十八庙会期间上藏有佛经的飞虹塔游览，其实就是打着这部金藏的主意呢。当时的住持力空法师心知肚明。为保护这个国宝，他连夜疾走10多公里，来到设在兴旺峪的赵城抗日县政府，找到杨泽生县长请求援助。经请示上级，晋冀豫边区太岳军分区立即派出100余名战士在30多位僧人的配合下，登塔连夜抢运，将存在塔内的4957卷金藏全部运出，还派了一支游击队佯攻县城以转移敌人注意。在艰苦的抗战年代里，这部浩大的金藏始终跟着八路军转战太行山。它们曾经被藏在废弃的矿坑里，还曾被放在涉县山村的一个天主教堂里（图3-96）。

图3-96　涉县教堂

当时这个教堂的张神父为烘干这些已经受潮的经卷，收集了大量木屑，慢慢地烘干它们，自己累到了吐血。直到1949年北京解放，政府才把它们运到了北京。此时许多经卷都已受潮板结了。经琉璃厂几名老师傅花费了11年时间，才将它们一点一点揭开，裱在了另外的宣纸上，整理出了4813卷。1982年，根据这部金藏出版的《中华大藏经》出版印刷了，这是一部凝聚了许多人的心血，有史以来最全的佛经。

在汾阳，他们还考察了其他建筑。

晋祠在太原郊区，早就是太原的名胜了。原来梁先生他们认为既是名胜，多半被重修得面目全非了。谁知从太原去汾阳的路上经过晋祠的后面。他们朝晋祠只看了一眼，就"一见钟情"了。在由汾阳回太原时，当然就去了晋祠（图3-97）。

这里，林徽因先生在《晋汾古建筑预查纪略》里有一段精彩的描述："晋祠离太原仅五十里……历来为出名的'名胜'……因为最是'名胜'容易遭'重修'的大毁坏……所以我们……未尝准备去访'胜'的。直至赴汾的公共汽车上了一个小小山坡，绕着晋祠的背后过去时，忽然间我们才惊异地抓住车

图3-97　晋祠门外的狮子

窗，望着那一角正殿的侧影，爱不忍释。相信晋祠虽成'名胜'却仍为'古迹'无疑。那样魁伟的殿顶，雄大的斗拱，深远的出檐，到汽车过了对面山坡时，尚巍巍在望，非常醒目。晋祠全部的布置，则因有树木着不清楚，但范围不小，却也是一望可知……

在那种不便的情形下，带着一不做，二不休的拼命心理，我们下了那挤到水泄不通的公共汽车，在大堆行李中捡出我们的'粗重细软'——由杏花村的酒坛子到峪道河边的兰芝种子——累累赘赘的，背着掮着，到车站里安顿时，我们几乎埋怨到晋祠的建筑太像样——如果花花簇簇的来个乾隆重建，我们这些麻烦不全省了么？但是一进了晋祠大门，那一种说不出的美丽辉映的大花园，使我们惊喜愉悦，过于初期的期望，无以名之，只得叫它做花园。其实晋祠布置又像庙观的院落，又像华丽的宫苑，全部兼有开敞堂皇的局面和曲折深邃的雅趣，大殿楼阁在古树婆娑池流映带之间，实像个放大的私家园亭。"

晋祠始建年代不详，原来称"唐叔虞祠"，是为纪念周武王次子叔虞兴修农田水利而建。因在晋水边，俗称晋祠。原有建筑早已坍塌，宋太宗太平兴国四年（979年）重修和扩建了晋祠，宋仁宗天圣年间（1023年）又加建了纪念叔虞之母的圣母殿。金代又建献殿。

正像林先生所形容的，晋祠是个园林式的庙宇，既有庄严的大殿，又有曲折的布局。其中圣母殿的斗拱有些像隆兴

寺的，但更加豪放生动
（图3-98）。

图3-98　晋祠圣母殿

圣母殿位于最中心、
最显要地位：左有青龙
（善利泉），右有白虎
（难老泉和长道），前有
汗池（鱼沼），后有丘
陵（悬瓮山）的"龙穴"之位。与它一线的建筑都是与祭祀活
动密切相关。同时这一组建筑结构之雄伟，艺术价值之高，是
晋祠建筑的精华所在。圣母殿的外柱上缠绕着龙，这是别处少
见的。

圣母殿前的放生池上，是一座举世无双的十字形桥，称鱼
沼飞梁（图3-99）。桥下用石柱托着一些大石头斗，斗上托着十
字交叉的拱。这种做法也是国内独一无二的。据考证，此桥建于
北宋崇宁元年（1102年）。

隔鱼沼飞梁桥与圣
母殿相对的是献殿，是供
奉祭祀圣母邑姜的享堂，
是举行祭祀活动的重要场
所。献殿的建造，是为了
烘托严肃庄重的气氛，也
是为进入圣母殿起铺垫

图3-99　鱼沼飞梁桥

作用。

献殿始建年代不详，看来这东西不是皇家建筑，没有人对此进行详细的记录。目前的这个是金大定八年（1168年）重建的（图3-100、图3-101）。

图3-100 献殿雀替

图3-101 献殿龙柱

回到太原，他们去了永祚寺（图3-102）。因寺内有一模一样的两座塔，当地人又称之为双塔寺。据县志记载，它是明万历二十五年（1597年）所建。与其他寺庙的建筑形式不同的是，它的大雄宝殿及配殿全部用砖砌成（图3-103），上下两层所有的门洞都是用砖发券而成，屋檐下的斗拱也是用砖石仿木，因此出檐较小。

永祚寺的双塔始建于明万历四十年（1612年），两塔也是砖石结构的，每座塔13层，50多米

图3-102 永祚寺大雄宝殿

高，由明代高僧佛灯主持修建。两塔相距60米。这两个塔的轮廓粗看上去似乎一样，仔细观察，南塔（左边那个）向上的收分略带弧形，轮廓清秀柔和，而北塔因每层做均匀收分，外观显得生涩僵硬（图3-104）。我称他们为龙凤胎：南塔是女孩，北塔是男孩。

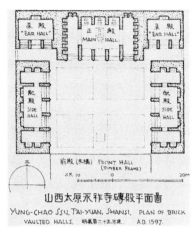

图3-103　山西太原永祚寺平面测绘图

图3-104　永祚寺双塔

在太原西南，距太原40公里处，有个石窟，名叫天龙山石窟。天龙山风光秀丽，历史上曾是北齐皇帝高洋之父高欢的避暑宫。这个石窟最早开凿的年代为东魏。开凿者就是高欢。看来这个高欢除了享乐之外，还是很有些建树的。北齐是开凿石窟的高峰时期。石窟分布在天龙山东西两峰的悬崖腰部，有东魏、北齐、隋、唐开凿的24个洞窟，东峰8窟，西峰13窟，山北3窟。共存石窟造像1500余尊，浮雕、藻井、画像1144幅。各种艺术品形制各异，排列有序。目前光是从这里偷出去流失在国外的就有150多件。石窟的艺术价值非常高（图3-105~图3-108）。

图3-105　天龙山石窟照片

图3-106　天龙山石窟等测绘图

位于五台山北的繁峙县，有个正觉寺（图3-109）。此寺建于唐开元年间（713—741年），初

图3-107　天龙山石窟
　　　　入口一瞥

图3-108　天龙山石窟群像

名开元寺，是唐家亲戚李遵大夫的旧宅，宋代改为正觉寺。正殿疑似金代遗物，它的结构采用减柱法。如今只余一小破庙，不知是唐代原物还是宋代改建的。说它是亭子可能更确切些。如果是原物，那它可是够老的了。

　　距离繁峙县不远的代县有一处古迹，叫圆果寺。它始建于隋代仁寿初年（601年）。寺院广阔，殿宇宏伟，内有阿育王塔一座。可惜在"七七事变"后，寺院被日军拆毁，惟塔留存。阿育王本是印度国孔雀王朝的创始人。随着佛教从印度传入，在中国竟然建了19座纪

图3-109　繁峙县正觉寺

念阿育王的塔。现存的这个阿育王舍利塔为元世祖至元十二年（1275年）再建的一座砖石结构的覆钵式塔（图3-110）。塔的平面为圆形，砖砌，周长60米，高40米。基台平面呈长方形，南北长50米，东西宽30米，高1.5米，作叠涩混肚式。基座中砌叠涩砖二层，上施莲座一层，周镌硕大的仰覆莲瓣30瓣，绕以缠枝花纹。

图3-110　如今的阿育王塔

代县还有一个古迹，是杨七郎（杨延兴）的陵址，位于代县枣林镇东留属村东南。墓冢下为汉白玉墓基，上为黑石圆形墓冢（图3-111）。

相传宋太平兴国年间，辽国萧太后和耶律贤统兵十几万抵达雁门关，杨家父子终因寡不敌众退守陈家谷，派七郎火速回代州向潘美（《杨家将演

图3-111　杨七郎墓

绎》中的潘仁美）搬兵。潘美非但不发兵，见七郎单枪匹马，反而派手下把七郎绑缚花椒树上，命人将他乱箭活活射死。为消灭罪证，潘美将七郎的头割下抛入滹沱河中。可那头不但不沉，还逆流而上四十里，漂泊到杨家将家属驻地东留属村，百姓发现后收起埋葬于村边，即七郎今日坟冢。

不过我有点纳闷：就算有人看见河里飘着人头，怎么知道是谁的？

不管真假，反正每年在农历四月初一杨七郎生日的这一天，杨姓传人都要到这里来祭奠他们英勇的祖先。

中国历史中唯一的女皇帝武则天的墓，建在晋中文水县城北5公里南徐沟村，她的老家，名叫圣母庙（图3-112）。此圣母庙占地面积2.6万平方米，有殿阁30多间，是全国唯一的供奉武则天的庙。庙内现存木结构正殿原建于唐代，重建于金皇统五年（1145年），单檐歇山顶，斗拱特别粗壮，造型类似五台山佛光寺东大殿。难得的是它居然还保存了一对唐代金柱与部分唐瓦唐砖，殿内梁架构造采用的三角形组合与杠杆原理，分散了殿宇顶部对大梁的压力，故大梁跨度虽大，历经800多年风风雨雨未见弯曲，被专家评为唐宋建筑中的佳作。配殿内还展

图3-112 文水县圣母庙

示有武则天及其家族的历史资料。

文水县文庙初建于唐代，元明清都曾修建，可见古代对孔夫子的尊重。梁先生在考察报告中对文水县文庙作了这样的记述："文水县，县城周整，文庙建筑亦宏大出人意外。院正中泮池，两边廊庑，碑石栏杆，围衬大成门及后殿，壮丽较之都邑文庙有过无不及……"（图3-113）。可惜如今仅剩下两棵古柏来证明一组大建筑曾经的存在。

图3-113　文水县文庙的考察照片（看来胶卷局部有点曝光了）

黄河铁牛（开元铁牛）位于永济市城西15公里古代黄河上的著名渡口——蒲津渡岸边。蒲州城西的黄河古道两岸各四尊，俗称"镇河铁牛"。铁牛每尊高约1.9米，长约2.3米，宽约1.3米。牛造型生动，前腿作蹬状，后腿作蹲伏状，矫角、昂首，牛体矫健强壮，尾施铁轴，以系浮桥。横轴直径约0.4米，轴头有纹饰，各轴不同，分别有连珠饰、菱花、卷草、莲花等。

黄河铁牛铸于唐开元十二年（724年），当初本是为稳固蒲津浮桥，维系秦晋交通而铸。元末桥被毁，仅剩没了用途的铁牛们屹立河边。后来因黄河变迁，逐渐为泥沙埋没，直到1988年才有四头被刨了出来，人们在其中一头铁牛边上塑造了一慈眉善目老妇（她瞧着比铁牛还高），用以衬托出牛的驯顺

（图3-114）。

但林先生对它的评价
不高，她写道："至于铁
牛，与我们曾见过无数的明
代铁牛一样，笨蠢无生气，
虽然相传为尉迟恭铸造，
以制河保城的。牛日夜为

图3-114　黄河铁牛之一

村童骑坐抚摸，古色光润，自是当地一宝。"（《晋汾古建筑预查
纪略》）

我对这个评价不以为然。说牛"笨蠢无生气"不够确切。
那些牛一个个双眼皮大眼睛，虽不俊秀，但堪称英俊。"无生
气"倒是真的，也没什么牛脾气。

在《晋汾古建筑预查纪略》里，林先生对一座小庙情有独
钟地做了极其详尽的描述："在我们住处，峪道河的两壁山崖
上，有几处小小庙宇。东崖上的实际寺，以风景幽胜著名。神头
的龙王庙因马跑泉享受了千年的烟火，正殿前有拓黑了的宋碑，
为这年代的保证。这碑也就是庙里唯一的'古物'。西岩上南头
有一座关帝庙，几经修建，式样混杂，别有趣味。北头一座龙天
庙，虽然在年代或结构上并无可以惊人之处，但秀整不俗，我们
却可以当它作山西南部小庙宇的代表作品。龙天庙在西岩上，庙
南向，其东边立面，厢庑后背，钟楼及围墙，成一长线剪影，隔
溪居高临下，隐约白杨间。在斜阳掩映之中，最能引起沿溪行人

的兴趣……

庙中空无一人，蔓草晚照，伴着殿庑石级，静穆神秘，如在画中。两厢为'窖'，上平顶，有砖级可登，天晴日美时，周围风景全可入览。此带山势和缓，平趋连接汾河东西区域，远望绵山峰峦，竟似天外烟霞，但傍晚时默立高处，实不竟古原夕阳之感……

龙天庙的平面布置南北中线甚长，南面围墙上辟山门。门内无照壁，却为戏楼背面。山西中部南部我们所见的庙宇多附属戏楼，在平面布置上没有向外伸出的舞台。楼下部实心基坛，上部三面墙壁，一面开敞，向着正殿，即为戏台。台正中有山柱一列，预备挂上帏幕可分成前后台。楼左阙门，有石级十余可上下。在龙天庙里，这座戏楼正堵截山门入口处成一大照壁……

龙天庙里的主要建筑物为正殿。殿三间，前出廊，内供龙天及夫人像……

这座小小正殿，'前廊后无廊'，本为山西常见的做法。前廊檐下用硕大的斗拱，后檐却用极小，乃至不用斗拱，将前后不均齐的配置完全表现在外面，是河北省所不经见的。尤其是在旁面看其所呈现象，颇为奇特……"

龙天庙正殿面阔三间，进深四椽。前出廊，补间出45度斜拱，柱头卷杀，内倾角明显。当心间板门，次间直棂窗。三门簪，门砧石上有清晰的犀牛望月线刻图，边沿上是一条珍贵竖书题记：延佑元年（1314年）七月孟丙子日记。可见这个小庙起码已有700多年历史（图3-115）。作为柏草坡村的一座小庙，能保存至今，实属不易。

再往南走，便到了霍县。据《晋汾古建筑预查纪略》记载："霍州县城甚大，庙观多，且魁伟，登城楼上望眺，城外景物和城内嵯峨的殿宇对照，堪称壮

图3-115　龙天庙

观。以全城印象而论，我们所到各处，当无能出霍州右者。"

霍泉源头在霍山脚下。这个清澈的泉眼是当地灌溉、生活不可或缺的水源。山西自古缺水，为争夺水源，两县居民经常械斗，世代为仇。后来有一知府想出一个平息纷争的办法。他让人架起一个热油锅，抛入十枚铜钱。然后令两县各出一人，下油锅摸钱，摸出一枚钱分一份水。赵城的代表特生猛，一举捞起了七枚铜钱，故赵城县自此得水七份。到了清代，知府又完善了这一创举，在源头引水渠中打入间隔平均的十一根柱子，把水流分成了十份，再在三、七区间的柱子处筑一条分水坝，以示公允。随后人们在柱子上搭了廊桥，命名分水亭，两侧还立了碑（图3-116）。

图3-116　霍县分水亭

据《晋汾古建筑预查纪略》记载："霍县太清观在北门内，志称宋天圣二年，道人陶崇人建，元延祐三年道人陈泰师修。观建于土邱之上，高出两旁地面甚多，而且愈往后愈高，最后部庭院与城墙顶平，全部布局颇饶趣味。

观中现存建筑多明清以后物。唯有前殿，额曰：'金阙玄元之殿'，最饶古趣。殿三间，悬山顶，立在很高的阶基上；前有月台，高如阶基。斗拱雄大，重拱重昂造，当心间用补间铺作两朵，梢间用一朵。柱头铺作上的耍头，已成桃尖梁头形式，但昂的宽度，却仍早制，未曾加大。想是明初近乎官式的作品……

霍县文庙，建于元至元间，现在大门内还存元碑四座。由结构上看来，大概有许多座殿宇，还是元代遗构。在平面布置上，自大成门左右一直到后面，四周都有廊庑，显然是古代的制度。可惜现在全庙被划分两半，前半——大成殿以南——驻有军队，后半是一所小学校……

大成殿亦三间，规模并不大。殿立在比例高竦的阶基上，前有月台；上用砖砌栏杆（这矮的月台上本是用不着的）。殿顶歇山造。全部权衡也是峻竦状。因柱子很高，故斗拱比例显得很小……斗拱布置疏朗，每间只用补间铺作一朵，三角形的垫拱版在这里竟成扁长形状……

祝圣寺原名东福昌寺，明万历间始改今名。唐贞观四年，僧清宣奉敕建。元延祐四年，僧圆琳重建，后改为霍山驿。明洪武十八年，仍建为寺。现时因与西福昌寺关系，俗称上寺下寺。

就现存的建筑看，大概还多是元代的遗物……

正殿阶基颇高，前有月台，阶基及月台角石上，均刻蟠龙，如《营造法式》石作之制；此例雕饰曾见于应县佛宫寺塔月台角石上。可见此处建筑规制必早在辽明以前……

后殿前庭院正中，尚有唐代经幢一柱存在，经幢之旁，有北魏造像残石，用砖龛砌护。石原为五像，弥勒（？）正中坐，左右各二菩萨挟侍，惜残破不堪；左面二菩萨且已缺毁不存。弥勒垂足交胫坐，与云岗初期作品同，衣纹体态，无一非北魏初期的表征，古拙可喜……

西福昌寺与东福昌寺在城内大街上东西相称。按《霍州志》，贞观四年，敕尉迟恭监造……

现在正殿五间。左右朵殿三间，当属元明遗构。殿廊下金泰和二年碑，则称寺创自太平兴国三年。前廊檐柱尚有宋式覆盆柱础……

火星圣母庙在县北门内。这庙并不古，却颇有几处值得注意之点。在大门之内，左右厢房各三间，当心间支出垂花雨罩，新颖可爱，足供新设计参考采用。正殿及献食棚屋顶的结构，各部相互间的联络，在复杂中倒合理有趣……全部联络法至为灵巧，非北平官式建筑物屋顶所能有。

献食棚前琉璃狮子一对，塑工至精，纹路秀丽，神气生猛，堪称上品……

霍县县政府的大堂……大堂前有抱厦，面阔三间。当心间阔而梢间稍狭，四柱之上，以极小的阑额相联，其上却托着一整根极大的普拍枋，将中国建筑传统的构材权衡完全颠倒。这还不足为奇；最荒谬的是这大普拍枋之上，承托斗拱七朵……没有一朵是放在任何柱头之上，作者竟将斗拱在结构上之原义意，完全忘却，随便位置。

北门桥上的铁牛算是霍州一景……桥上栏杆则在建筑师的眼中，不但可算一景，简直可称一出喜剧。桥五孔，是北方所常见的石桥，本无足怪。少见的是桥栏杆的雕刻，尤以望柱为甚。栏版的花纹，各个不同，或用莲花，如意，万字，钟，鼓等等纹样，刻工虽不精而布置尚可，可称粗枝大叶的石刻。"

火星圣母庙如图3-117所示。

北门外桥如图3-118所示。

在这次的考察后，林先生发出了痛苦而又无奈的呼声。她在《闲谈关于古代建筑的一点消息》里写道："在这整个民族和他的文化，均在挣扎着他们的重危的运命的时候，凭你有多少关

图3-117　火星圣母庙

图3-118　北门外桥

于古代艺术的消息，你只感到说不出的难受……如果我们到了连祖宗传留下来的家产都没有能力清理或保护，乃至于让家里的至宝毁坏散失，或竟拿到旧货摊上变卖，这现象却又恰恰证明我们这做子孙的没有出息。智力德行已经都到了不能再堕落的田地。……这消息简单的说来，就是新近有几个死心眼的建筑师，放弃了他们盖洋房的好机会，卷了铺盖到各处测绘几百年前他们同行中的先进，用他们当时的一切聪明技艺，所盖惊人的伟大建筑物。"

多么精辟，又多么发人深省的呼声啊。我们后辈学人，千万不能做没出息的子孙呀！

我欣慰地看到，在我的同学里，有许多人正在做梁、林等先辈希望我们做的事。他们用笔描绘着新时代的建筑，更有如黄汉民等同学所做的，深入地方，去考察福建土楼和其他建筑，并为它们著书立传，传与后世。

1936年冬，梁思成与莫宗江、麦俦增等在赴陕西调查之前，假道山西，对1934年在晋汾地区发现的古建筑进行实地测绘，算是第三次山西之行。

第四次进山西，已是1937年，日本人侵略的炮声依稀可闻了。因最老的木结构依然没有找到，林先生他们打算再做一次努力。林先生曾遗憾地写道："中国建筑的演变史，在今日还是个灯谜……现在，唐代木构在国内还没有找到一个，而宋代所刊《营造法式》又还有困难，不能完全解释的地方。这距唐不久，离宋全盛时代还早的辽代居然遗留给我们一些顶呱呱的木塔、高阁、佛殿、经藏，帮我们抓住前后许多重要的关键，这在几个研究建筑的死心眼人看来，已是了不起的事了。"

梁先生记得在北平图书馆曾看过的法国人伯希和（Paul Pelliot）写的《敦煌石窟图录》一书，里面的第61号窟有宋代壁画《五台山图》（图3-119）。其中有个"大佛光之寺"看上去颇为古老。

梁先生又到北平图书馆，找到《清凉山志》，里面记载佛光寺不在台怀地区，而在偏远的台外。既然偏远，有可能因无人打扰而幸存了下来？他们决定去碰一碰运气。

图3-119　《五台山图》局部

1937年6月，刚从西安返回北平的梁、林二人把8岁的女儿梁再冰，5岁的儿子梁从诫托给了正在北戴河的姐姐梁思顺一家，与莫宗江、纪玉堂一起转身奔向五台山，在日本人杀来之前做最后一次唐代建筑的寻找（图3-120）。

图3-120　考察照片：鸟瞰五台山台外地区

他们曾在陕西长安大雁塔身上看见过唐代殿堂的绘画，并且临摹了下来。这个样子的建筑在五台山里会不会有呢？

在前往太原的路上，过榆次时，一路东张西望且眼神颇尖的林先生突然在路边看见一座"破庙"，立刻判断出那是个可看的所在。

在太原等待办理旅行手续时，他们便去了那个破庙。敢情它是这里原先规模不小的永寿寺硕果仅存的一个小殿，名雨花宫（图3-121、图3-122）。

永寿寺相传建于东汉，是榆次最早有文字记载的寺庙。唐代永寿寺由村东移建至村西田志超故址，后多次维修增建。到明清时，寺庙已由山门、过殿、南殿、戏台、大殿、雨花宫等组成，规模颇大。

图3-121　考察照片：雨花宫全貌

寺内主殿顶端有镇寺之宝"双猫戏胆瓶"，据说能根据宝瓶的声响预测天气。这个建筑是座单檐九脊顶（清代的"歇山

图3-122　考察照片：雨花宫大殿

式"），正侧两面都是三间，并不是很大的佛殿。前部是廊，单薄的瓦檐、细瘦的阑额使整体的印象与晋北其他辽宋遗构相比显得较为单薄纤弱。但从它檐下斗拱的简单、爽朗和大比例，以及廊里墙上"直棂窗"的形制古朴中，仍可看出这个建筑的木骨是早期的遗物。檐下的横匾色彩大半已经剥落，雨花宫三字用的是行楷，笔力很遒劲。宽大的匾心配着瘦窄的边，无论图案还是比例，都是宋代制度特有的风格。

他们拍了照（幸亏），又做了大致的测量（图3-123~图3-125），准备在回程时进一步勘测。可惜因"七七事变"突起而未果。新中国成立后此宫因修铁路碍事，被拆毁了。

雨花宫建于宋（1008年）。中国有据可查比它岁数大的木构建筑只有五台山的南禅寺大殿（782年）、佛光寺（857年）、独乐寺观音阁和山门（984年）四个，它算老五。雨花宫最大的特点是省去了一切不必要的材料，结构简洁而实用。从照片上看，它连补间铺作（柱间的斗拱）都没有，只有柱头铺作（柱头上的斗拱）用它强壮的拱来支撑着外部的横梁，以此挑出屋

图3-123　考察现场：林先生在雨花宫

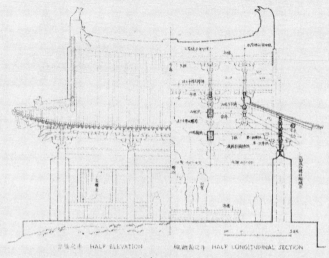

山西榆次縣　永壽寺雨華宮　宋大中祥符元年建
YŪ-HUA KUNG · MAIN HALL OF YUNG-SHOU SSU
YŪ-TZŪ · SHANSI · 1008 A.D.

图3-124　永寿寺雨花宫立面、剖面测绘图

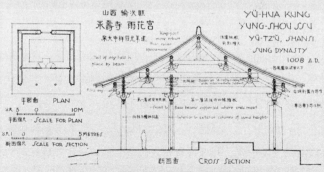

图3-125　永寿寺雨花宫平面、剖面测绘图

檐。它的美感来自纯结构而不是装饰（图3-126）。

图3-126　永寿寺雨花宫

这回真的要去找佛光寺了。梁先生在《记五台山佛光寺的建筑》一文中写道："我们骑驮骡入山，在陡峻的路上迂回着走。沿倚着岸边，崎岖危险，下面可以俯瞰田陇。田垄随山势弯转，林木错绮……"（图3-127）。

图3-127　考察照片：骑驮骡入山

有时山路陡得连毛驴都不肯走了（从照片上看，胯下的疑似毛驴），他们只好顶替毛驴，自己背着辎重，还得拉上毛驴——回来时用得到——继续前进。走了两天（记得上次我开车从五台山去时不过两小时），黄昏时分到了一个叫豆庄的村子。只见前方一处泛着金光的大殿在向他们招手。他们快步前行，进入大殿，抬头仰望，啊！这就是他们久久寻找的唐代古建吗？在夕阳里，他们的心剧烈地跳了许久。

开始测量了。大殿那深远的出檐、带卷刹的柱头和硕大的斗拱及门窗的形式，都在无言地告诉他们："我是个唐代的老爷子！"但是确凿的证据仍有待于进一步寻找。

梁先生写道："斜坡殿顶的下面有如空阁，黑暗无光，只靠经由檐下空隙攀爬进去。上面积存的尘土有几寸厚，踩上去像棉花一样。我们用手电探视，看见檩条已被蝙蝠盘踞，千百成群地聚挤在上面，无法驱除。照相的时候，蝙蝠见光惊飞，秽气难耐。而木材中又有千千万万的臭虫，大概是吃蝙蝠血的。工作至苦！我们工作了几天，才看见殿内梁底隐约有墨迹……"

他们在檩条间爬行，与蝙蝠、臭虫奋战，几天后才好容易在大梁下依稀看见那墨迹，似乎是"女弟子宁公遇"等。谁是宁公遇？其他的字是什么？屋顶太暗，尘土堆积，使他们无法看清全部的字迹，只好请一和尚去就近的村里找人帮忙。和尚跑了一天，仅得二老农。老农不是木匠，只会耪地，不会搭梯。大家一起忙活了一整天，才算扎了个梯子，能把湿布不断地传递上去擦拭尘土。费了三天的时间，终于土落字出，他们在大梁上看见了全部的字，搞清此殿建于唐大中十一年（857年）。那些字都是当地的官员和出资者。宁公遇是主要出资人。

确定了建造年代后，他们高兴地忘记了一切疲劳和满身污垢。又是一个夕阳普照的黄昏时刻，在满屋金光里（这就是佛光？），他们大方地拿出所有食品，大大地犒赏了自己的肚子一番。

梁先生乐不可支地写道："这不但是我们多年来实地踏查所得的唯一唐代木构殿宇，不但是国内古建筑之第一瑰宝，也是我国封建文化遗产中最可珍贵的一件东西。佛殿建筑物，本身已经是一座唐构，乃更在殿内蕴藏着唐代原有的塑像、绘画和墨迹。四种艺术萃聚在一处，在实物遗迹中诚然是件奇珍。"（图3-128）。

佛光寺里还有三十多尊唐代塑像，唐、宋壁画和一些石幢墓塔等，以及宋代的一座大殿——文殊殿。他们都一一做了测量（图3-129~图3-136）。

图3-128　考察照片：佛光寺匾额

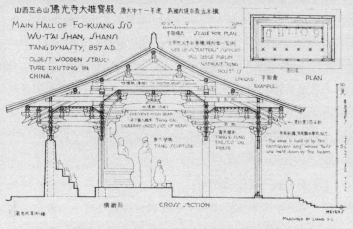

图3-129　山西五台山佛光寺大殿平剖面测绘图

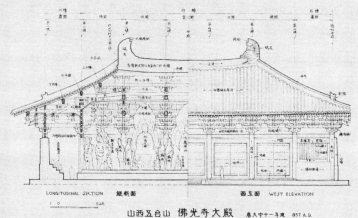

LONGITUDINAL SECTION　　縱斷面　　西立面　WEST ELEVATION

山西五台山 佛光寺大殿　唐大中十一年建　857 A.D.

MAIN HALL of FO-KUANG SSU · WU-T'AI SHAN · SHANSI

图3-130　山西五台山佛光寺大殿立剖面测绘图

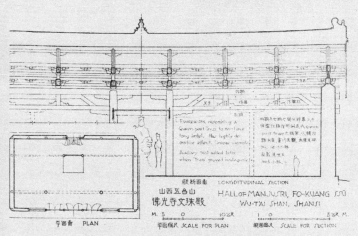

平面圖　PLAN

縱斷面面　LONGDITUDINAL SECTION

山西五台山　HALL of MANJUSRI, FO-KUANG SSU
佛光寺文殊殿　WU-T'AI SHAN, SHANSI

平面縮尺　SCALE FOR PLAN　　斷面尺　SCALE FOR SECTION

图3-131　山西五台山佛光寺文殊殿测绘图

图3-132 考察照片

图3-133 考察现场：林先生实测大佛

旗袍不穿了，改穿裤子，方便多了

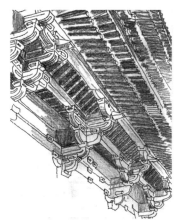

图3-134 佛光寺屋檐下的斗拱

图3-135 考察现场：林先生在实测经幢

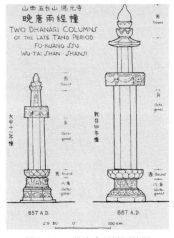

图3-136 佛光寺经幢测绘图

在东大殿（图3-137）的后面还有一个不高的洁白的塔，名叫祖师塔（图3-138）。这个塔形制很特殊，密檐塔不像密檐塔，金刚塔不像金刚塔，不能放过啊（图3-139）。

图3-137 五台山佛光寺东大殿

图3-138 佛光寺东大殿一角和祖师塔（作者拍摄）

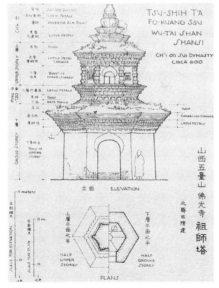

图3-139 山西五台山佛光寺祖师塔平立面测绘图

这里的事情做完后，他们又乘兴考察了汾阳的崇胜寺。崇胜寺始建于北齐天保三年（552年），明代弘治元年（1488年）重修。

图3-140　崇胜寺入口

据梁先生记载："由太原至汾阳公路上，将到汾阳时，便可望见路东南百余米处，耸起一座庞大的殿宇，出檐深远，四角用砖筑立柱支着，引人注意。"（图3-140、图3-141）。

但山西最南端临汾的考察却很让人失望：仅有一座破烂的灵岩寺遗骸，殿宇早已不存，塔也剩了半截。《晋汾古建筑预查纪

图3-141　崇胜寺外观

略》里写道："灵岩寺在山坡上，远在村后，一塔秀挺，楼阁巍然，殿瓦琉璃，辉映闪烁夕阳中，望去易知为明清物，但景物婉丽可人，不容过路人弃置不睬……

各处尚存碑碣多座，叙述寺已往的盛史。唯有现在破烂的情形，及其原因，在碑上是找不出来的。

正在留恋中，老村人好事进来，打断我们的沉思，开始问答，告诉我们这寺最后的一页惨史。据说是光绪二十六年替换村长时，

新旧两长各竖一帜，怂恿村人械斗，将寺拆毁。数日间竟成一片瓦砾之场，触目伤心；现在全寺余此一院楼厢，及院外一塔而已。"

几尊菩萨却奇迹般地坐在旷野之中，默默无语地陪着断塔不肯离去（图3-142、图3-143）。

如今政府已对灵岩寺塔进行了"断肢再植"。塔很漂亮，但佛爷们反倒"走"了，仅余基座若干（图3-144）。佛爷去了哪里？问谁谁不知。看来是"昔人已乘黄鹤去，此地空余黄鹤楼"了。

对于孝义县（现孝义市）吴屯村的东岳庙，在《晋汾古建筑预

图3-142　考察照片：临汾
灵岩寺遗址

图3-143　考察现场：林先生
与临汾灵岩寺的佛爷对话

图3-144　今日的灵岩寺塔

查纪略》中是这样描绘的："我们曾因道阻留于孝义城外吴屯村，夜宿村东门东岳庙正殿廊下。庙本甚小，仅余一院一殿。正殿结构奇特，屋顶的繁复做法，是我们在山西所见的庙宇中最已甚的。小殿向着东门，在田野中间镇座，好像乡间新娘，满头花钿，正要回门的神气。庙院平铺砖块，填筑甚高，围墙矮短如栏杆，因墙外地注，用不着高墙围护；三面风景，一面城楼，地方亦极别致。庙厢已作乡间学校，但仅在日中授课，顽童日出即到，落暮始散。夜里仅一老人看守，闻说日间亦是教员，薪金每年得二十金而已。

院略为方形，殿在院正中，平面则为正方形，前加浅隘的抱厦。两旁有斜照壁，殿身屋顶是歇山造；抱厦亦然，但山面向前，与开栅圣母正殿极相似，但因前为抱厦，全顶呈繁乱状，加以装饰物，愈富缛不堪设想。这殿的斗拱甚为奇特，其全朵的权衡，为普通斗拱的所不常有，因为横拱——尤其是泥道拱及其慢拱——甚短，以致斗拱的轮廓耸峻，呈高瘦状。殿深一间，用补间斗拱三朵。抱厦较殿身稍狭，用补间铺作一朵，各层出四十五度斜昂。昂嘴纤弱，顢入颇深。各斗拱上的耍头，厚只及材之半，刻作霸王拳，劣匠弄巧的弊病，在在可见。

侧面阑额之下，在柱头外用角替，而不用由额，这角替外一头伸出柱外，托阑额头下，方整无饰，这种做法无意中巧合力学原则，倒是罕贵的一例。檐部用椽子一层，并无飞椽，亦奇。但建造年月不易断定。我们夜宿廊下，仰首静观檐底黑影，看凉月出没云底，星斗时现时隐，人工自然，悠然溶合入梦，滋味深长。"

关于资福寺（图3-145），梁先生在《中国建筑史》中说："山西太谷县城内资福寺创于金皇统间，其大殿前之藏经楼，则为元构，楼左右夹以钟鼓楼，成三楼并列之势，楼本身两层，每层各重檐，成为两层四檐，外观至为俊秀。其平座铺作之上施橡作檐，尤为罕见。"

图3-145 资福寺藏经楼

直到全完事了，他们才听说北平"卢沟桥事变"的消息，战争爆发已五天了。真个是"洞中才数日，世上已千年"哪。

林先生在给北戴河的女儿梁再冰的信里写道："宝宝，妈妈不知道要怎样告诉你许多的事。现在我分开来一件一件的讲给你听：第一，我从六月二十六日离开太原到五台山去……第三，我们路上坐大车同骑骡子，走得顶慢，工作又忙，所以到了七月十二日才走到代县，有报，可以打电报的地方才知道一点外面的新闻……第六，现在，我要告诉你，这一次日本人同我们闹什么。你知道，他们老要我们的'华北'地方。这一次，又是为了点小事，就大出兵来打我们……我们希望不打仗事情就可以完。但是如果日本人要来占领北平，我们都愿意打仗。那时候，你就跟着大姑姑那边。我们就守在北平。等到打胜了仗再说。我觉得现在我们做中国人，应该要顶勇敢，什么都不怕！什么都顶有决心才好。"

拳拳爱国心跃然纸上。

发了这封信，一行人就速速赶回北平去了。

关于这次山西的古建考察（图3-146），林先生有一总结性的结论："山西因历代战争较少，故古建筑保存得特多。我们以前在河北及晋北调查古建所得的若干见识，到太原以南的区域，若观察不慎，时常有以今乱古的危险。在山西中部以南，大个儿斗拱并不希罕，古制犹存。但是明清期间山西的大斗拱，拱斗昂嘴的卷杀，极其弯矫、斜拱用得毫无节制，而斗拱

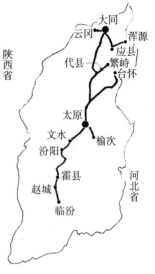

图3-146 山西考察主要线路示意图（地名为当年称谓）

上加纤细的三福云一类的无谓雕饰，允其暴露后期的弱点，所以在时代的鉴别上，仔细观察，还不十分扰乱。"

"殿宇的制度，有许多极大的寺观，主要的殿宇都用悬山顶……同时又有多种复杂的屋顶结构……"

"发券的建筑，为山西一个重要的特征，其来源大概是由于穴居而起，所以民居庙宇莫不用之，而自成一种特征……"（《晋汾古建筑预查纪略》）

第三节　北平测绘

1934年，营造学社接到任务，要对北京的故宫等建筑进行详细的测绘，并要求绘制成图，出版一本专著。当时的中央研究院特地拨款5000元给营造学社。1934—1937年，营造学社在出外考察的间隙中，将故宫的大部分建筑和东南西北四个角楼、东直门、安定门等几座城门楼及天宁寺塔，都做了详细的测绘（图3-147~图3-157）。

在这期间，他们还考察和测绘了碧云寺（图3-158、图3-159）。

明十三陵自然也是必去的（图3-160~图3-164）。

测绘天坛也是一大壮举。梁、林二位居然爬到了屋顶上，也不知林先生是怎么上去的。当然，那时候也具备上房不揭瓦的条件——快打仗了，哪儿哪儿都没人管了。

图3-147　当年北平的城墙

图3-148　角楼

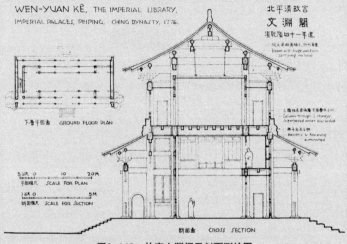

北平清故宫
文淵閣
清乾隆四十一年建

下層平面画 GROUND FLOOR PLAN

5公尺 0 10 20M
平面縮尺 SCALE FOR PLAN

1公尺 0 5M
断面縮尺 SCALE FOR SECTION

断面画 CROSS SECTION

图3-149 故宫文渊阁平剖面测绘图

图3-150 故宫午门及金水河

图3-151　故宫东北角楼

图3-152　当年的故宫太和殿

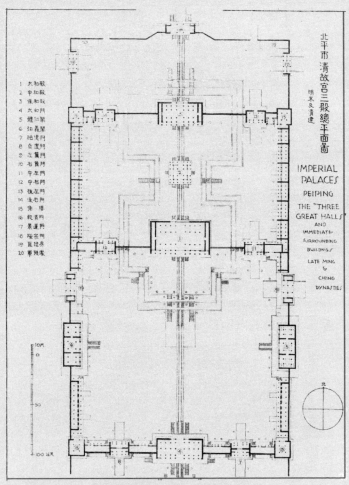

图3-153　故宫三大殿平面测绘图

图3-154 内城东南角楼

图3-155 东直门箭楼及城楼

图3-156 安定门城楼

图3-157 安定门箭楼

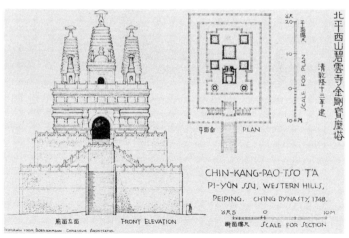

图3-158 碧云寺平立面测绘图

图3-159 碧云寺远眺

图3-160 考察照片：明十三陵石牌坊前留影

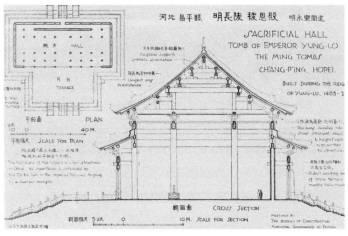

图3-161 明十三陵长陵陵恩殿平剖面测绘图

　　如今别说上房了，就算进屋您都进不去。我大冬天的在祈年殿外等了一小时，就落了个管理人员下午4点整拿着钥匙过来把门打开，冻得直流鼻涕的众游客往里瞧一眼的份儿，还不让照相。我心里这个叫屈呀：挨这份冻，为的就是照几张相呀。祈年

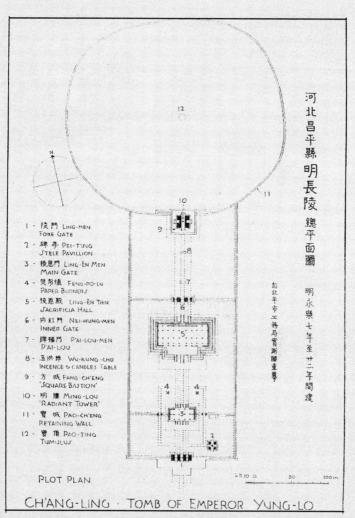

河北昌平縣明長陵總平面圖

明永樂七年至廿二年間建

包北平市工務局實測圖重摹

1 · 陵門 LING-MEN
FORE GATE

2 · 碑亭 PEI-TING
STELE PAVILLION

3 · 祾恩門 LING-ÈN MEN
MAIN GATE

4 · 焚帛爐 FENG-PO-LU
PAPER BURNERS

5 · 祾恩殿 LING-ÈN TIEN
SACRIFICIA HALL

6 · 內紅門 NEI-HUNG-MEN
INNER GATE

7 · 牌樓門 P'AI-LOU-MEN
P'AI-LOU

8 · 五供牀 WU-KUNG-CHO
INCENCE & CANDLES TABLE

9 · 方城 FANG-CH'ENG
'SQUARE BASTION'

10 · 明樓 MING-LOU
'RADIANT TOWER'

11 · 寶城 PAO-CH'ENG
RETAINING WALL

12 · 寶頂 PAO-TING
TUMULUS

PLOT PLAN

CH'ANG-LING · TOMB OF EMPEROR YUNG-LO

图3-162　长陵总平面测绘图

图3-163　在居庸关

图3-164　林先生在考察中

殿我从小都不知来了几回了，可惜那时候没照相。唉！

因为战争，故宫的测绘没有完成，已测绘的稿子也没有完全整理出来，实在是一件憾事。这笔账应该记在日本侵略者的头上。

第四节　南下苏杭

1934年，梁先生，林先生应浙江省建设厅的邀请，到杭州商讨六和塔重建事宜，刘致平同行。在杭期间，刘致平测绘了灵隐寺双石塔（宋建隆元年，960年建）和另一个石塔——闸口白塔（图3-165）。这三个石塔都是宋建隆元年（960年）的作品。说它们是石塔，不如说它们是那一时代木塔的仿制品。可能觉得木塔不耐久吧。无论如何，它们可以提供宋代木塔的很多情况。

然后，梁、林、刘三人又赶赴浙南（他们似乎老是在赶路）的宣平县陶村，去调查那里的一个延福寺（图3-166）。一

图3-165　杭州闸口白塔

图3-166　浙江宣平延福寺

个村子里的小庙居然是重檐歇山顶的，很有些气派。依据延福寺的月梁、梭柱和木头的质量，他们断定这个庙是元泰定三年（1326年）所建。在南方这样潮湿的气候里，还建在水边，能有保存了600余年的木结构建筑，实属不易。

回来的路上，他们又调查了当时吴县角直镇的保圣寺大殿。寺创于唐大中年间（847—859年），经宋、明、清各代修建，寺内有十八罗汉塑像，形态逼真，形体比例准确，刀法浑厚刚劲，古朴动人。各罗汉或凝目沉思，或低首不语，或仰天长啸，或开悟微笑，姿态各异，丰富感人。

六和塔位于西湖之南，钱塘江畔月轮山上。北宋开宝三年（970年），当时杭州为吴越国都，国王为镇住钱塘江潮水派僧人智元禅师建造了六和塔，现在的六和塔塔身重建于南宋。取佛教"六和敬"之义,命名为六和塔。宋太平兴国时期改寺名为"开化寺"。原建塔身九级,顶上装灯,为江船导航。北宋宣和五年,塔被烧毁。南宋绍兴年间重建。明正统二年,修顶层和塔刹,清光绪二十五年(1899年),重建塔外木结构。

今日的六和塔高59.89米,耸立在平面为八角形的塔基上,占地900平方米,共13层,砖构塔身的柱子和斗拱等均仿木构建筑形式。四周廊子铺有踏磴,可通顶层。每层廊子两侧都有壸门,内通小室,外通檐廊。六和塔中的须弥座上有200多处砖雕,砖雕的题材丰富,造型生动,有斗奇争妍的石榴、荷花、宝相,展翅飞翔的凤凰、孔雀、鹦鹉,奔腾跳跃的狮子、麒麟,还有昂首起舞的飞仙,等(图3-167)。这些砖雕,与宋代成书的《营造法式》所载十分吻合,是中国古建筑史上珍贵的实物资料。

图3-167　六和塔内须弥座图案

关于六和塔,还有个故事,相传梁山泊被招安后奉命南征方腊,宋江将兵马驻扎在六和塔外的寺庙内,鲁智深与武松忽听得钱塘江上潮声雷响。鲁智深是北方人,从没听说过钱江潮,以为是战鼓声,便起身准备迎战。后来僧人跟他解释,方知这是潮信。于是他想起以前出家时师父说过"听潮而圆,见信而寂"的偈言，觉得这是宿命，便在六和塔边圆寂坐化了。

以火腿著称于世的金华，也是个古城。城内天宁寺，旧名大藏院，北宋大中祥符年间（1008—1016年）建，赐名"承天寺"，政和年间（1111—1118年）始称天宁寺。现仅存天宁寺大殿（图3-168）。天宁寺大殿是我国南方现存典型的元代木构建筑之一，面阔进深各为三间，单檐九脊顶。大殿东首三椽栿下有"大元延□五年岁在戊午六月庚申吉旦重建恭祝"的双钩墨题记。经查实，应该是大元延祐五年（1318年）。经过测定，梁架中有的柱子距今千年，有的梁栿、斗拱距今也有800年之久了。

图3-168　金华天宁寺大殿

1935年，刘敦桢南下，回来的途中发现苏州竟有不少古建。营造学社的人个个都是"破庙迷"，调查建筑是越古老越来情绪。物以稀为贵嘛。况且越古老的越是得赶紧测量，不定哪一天就看不见它们了。正好南京中央博物馆征求建筑图案，聘梁先生和刘敦桢先生为审查员。于是他俩邀请了社友卢树森、夏昌世二位，于9月7日开始在苏州工作。

以前我来苏州，总是看它的园林，上学时讲到苏州，老师也总提园林，我竟不知它还是一座古城，有那么多的古迹。看了营造学社的考察，才知道自己的愚钝。

苏州建城于春秋时期（前514年）。吴王夫差的父亲阖闾（hé lú）命伍子胥监督建城，古称平江，又称姑苏，此即今日之苏州城。春秋时期，这里是吴国的都城，至今还保留着许多有关西施、伍子胥等的古迹。隋开皇九年（589年）始称苏州，沿用至今。苏州城建城早，规模大，水陆并行，河街相邻，古城区至今仍坐落在原址上，为国内外所罕见（图3-169、图3-170）。

图3-169 水街小景（一）

图3-170 水街小景（二）

位于苏州城区中心观前街的玄妙观，相传原是春秋吴官旧址。重建于西晋咸宁二年（276年），当时的玄妙观是全国规模最大的道观之一。后几经战乱，屡建屡毁，现存主要建筑仅余山门和三清殿（图3-171）。

三清殿重建于南宋淳熙六

图3-171 今日之苏州玄妙观三清殿

年（1179年），是苏州仅存的一座南宋殿堂建筑，也是全国最大最古老的道观殿堂之一。此殿筑于高台之上，设计者是当时著名画家赵伯驹之弟赵伯肃。殿是重檐歇山式，屋脊高10余米，两端有一对高约3.5米的南宋砖刻螭（正吻）。殿阔44米，深25米。内有高大殿柱40根，左右山墙檐柱30根。屋面坡度平缓，出檐较深，斗拱疏朗宏大，特别是内部月亮式梁架上檐内槽斗拱的上昂做法，为国内首例。

苏州双塔在老城中部的定慧寺巷，它建于北宋太平兴国七年（982年）。这两座实心的砖塔大小形制完全一样，都是八角形、高七层，顶部有瘦高的塔刹，是真正的"双胞胎"（图3-172）。此二塔的塔刹是铁制的，尖尖的，高度约有塔身的1/4。1860年所属的罗汉院被烧毁，仅余这两座塔，还有正殿的遗址。

苏州的虎丘塔在苏州城西北郊（图3-173）。吴王夫差的父亲阖闾葬在这里。葬后三日，有白色老虎一只，盘踞其上。百姓称奇，遂名此山为虎丘山。塔建于五代的后周显德六年（959年），可后周的世宗死后仅一年多，宋太祖就把这里给统一了。因此塔的竣工

图3-172　苏州双塔

日是在北宋建隆二年（961年）。前后也就两年多，已是改朝换代物是人非了。此塔七层八面，砖身木檐，是那一时期长江流域典型的做法。可惜木头不禁烧，是以檐部屡遭焚毁。檐部基本没有了挑出部分。现塔高47.5米，并已倾斜。据介绍，1956年在塔内发现大量珍贵文物，包括越窑瓷器等。

瑞光塔系北宋景德元年（1004年）至天圣八年（1030年）所建（图3-174）。瑞光塔为七级八面砖木结构楼阁式，砖砌塔身，由外壁、回廊和塔心三部分构成，外壁以砖木斗拱挑出木构腰檐和平座。

此塔砖砌塔身基本上是宋代原物，第六、第七层及塔顶木构架虽为后代重修，但其群柱框架结构在现存古塔中并不

图3-173　苏州云岩寺虎丘塔

图3-174　瑞光塔

多见。1978年发现秘藏珍贵文物的暗窟——"天宫"竟在该塔第三层塔心内。底层塔心的"永定柱"作法，在现存古建筑中尚属罕见，从而为研究宋《营造法式》提供了实物依据。

开元寺初名通玄寺，三国东吴赤乌年间孙权为乳母陈氏所建。无梁殿是开元寺现在仅存的一座古建筑。

无梁殿是开元寺的藏经阁，建于明万历四十六年（1618年）。原先供奉无量寿佛，又名无量殿。因为都是磨砖嵌缝纵横拱券结构，不用木构梁柱檩椽，故习称无梁殿（图3-175）。殿坐北朝南，两层楼阁式。面广七间20.9米，进深11.2米，通高约19米。歇山顶及腰檐覆盖绿间黄琉璃筒瓦，与清水砖外墙面相映成趣。

图3-175　苏州开元寺无梁殿

砖券结构殿阁盛于明代，在现存同类建筑中，开元寺无梁殿并不算大，但它以细部手法精致取胜。如底层倚柱砖雕须弥座，上下檐垂莲柱、雀替、斗拱、栏杆、藻井乃至殿顶琉璃游龙花卉脊饰等，无不工细精巧，反映出明代苏州建筑高超的技艺水平，故有"结构雄杰冠江南"之美誉。

第五节　河南考察

1935年，因梁先生的弟弟梁思永所在的考古队在河南安阳有很有价值的新发现，引得梁先生有兴趣去看考古新发现，顺便首次考察河南安阳的古建。

河南是中国最早的中原文化发祥地之一。比如说洛阳吧，先后有东周、西汉、东汉、曹魏、西晋、南北朝的北魏、隋、唐、后梁、后唐、后晋共11个王朝在此建都或陪都，时间近900年。另一古都开封，号称"七朝古都"，因战国时期的魏国，五代时期的后梁、后晋、后汉、后周以及北宋和金七个王朝曾先后建国都于开封。当然，主要是北宋。要看古建，这里是一个重点省份。

在安阳，他们看了天宁寺的雷音殿。安阳县天宁寺塔建于五代后周广顺二年（952年），又名文峰塔（图3-176）。据说清乾隆年间，当时任彰德（即今安阳）知府的黄邦宁，主持重修天宁寺塔。竣工之后为"人过留名"便在塔门横额上亲笔题了"文峰耸秀"四个大字，于是此塔又得名

图3-176　安阳县天宁寺塔

"文峰塔"。塔位于安阳老城天宁寺旧址。此塔的下身四周正面各有一门，其中正南面为真门，其余为假门。券门首额，有砖雕二龙戏珠图像。八角均有巨龙环绕的盘龙柱，上加铁链枷锁，非常壮观。八根龙柱之间，有八幅砖浮雕佛教故事图像，这些浮雕造型生动，神情逼真，姿态自然，栩栩如生，是不可多得的艺术珍品（图3-177）。只可惜力士们面目都不甚清楚了（图3-178、图3-179）。

图3-177　安阳天宁寺塔券门上的浮雕

天宁寺塔最大的特征是上大下小，呈伞状，这在我国古塔中极为少见。

在安阳看天宁寺时，恰好有个旅游团也在，我得以"蹭听"了导游的讲解，她说，最初设计塔形为菱状，但在修建过程中，由于资金不足，半途收工，于是塔成为今天怪

图3-178　安阳天宁寺塔上浮雕力士（一）

图3-179　安阳天宁寺塔上浮雕力士（二）

怪的形状。

1936年5月，刘敦桢先生率陈明达等赴河南考察。梁、林随后于5月25日赶来，会同刘先生等一同在龙门石窟考察了四天。这四天里，除了测量雕像，主要"工作"就是与跳蚤奋斗，其恼无穷。梁先生回忆道："我们回到旅店铺上自备的床单，但不一会儿就落上一层沙土，掸去不久又落一层，如是者三四次，最后才发现原来是成千上万的跳蚤。"

6月，梁、林调查了开封的宋代繁塔、铁塔及龙亭，然后去山东与先到那里的麦修增会合，在山东的东部、南部转了11个县。

开封繁（pó）塔建于宋太祖开宝七年（974年），现塔通高36.68米，底面积501.6平方米（图3-180）。繁塔为六角形楼阁式仿木青砖建筑，每层檐部由斗拱承托，第一层两个塔心室，彼此不通。第二层两个通道，四个佛洞。第三层仅西北一个通道，前后两个佛洞。各层构造不同，所有通道均变幻莫测。从北门进塔，经东西两侧塔道攀登，去二层佛洞或上塔顶须沿外壁塔檐盘旋，非常惊险。

图3-180　开封繁塔

繁塔全身内外遍嵌佛砖（图3-181），一砖一佛，有释迦、弥勒、阿弥陀佛，还有菩萨、罗汉、乐伎等近七千块，一百多

图3-181 塔身砖雕

种，千姿百态，形象生动，显示了宋代艺术家雕刻模制的超人技艺（图3-182~图3-184）。塔身的浮雕远看密密麻麻的，大概也因此被称为"繁"塔吧。

当地人传说，本来繁塔比另一座开封铁塔要高。有顺口溜曰："铁塔高，铁塔高，铁塔不及繁塔腰"。可如今跟铁塔一比，繁塔倒成了武大郎了。这是为什么呢？原来明太祖朱元璋

图3-182 砖雕细部（一）　图3-183 砖雕细部（二）　图3-184 砖雕细部（三）

因太子早亡，按规定要把皇位传给长孙朱允炆。可他担心他强悍的四子和五子，即在北京的燕王和在开封的周王窥视皇位，就带着朱允炆亲自考察北京和开封，看看这两个儿子的表现。燕王早已得到消息，装得又简朴又恭谦，甚得朱元璋之意。到了开封，听见大街上的人都说高高的繁塔似有帝王之相。晴天，塔尖上太阳不落，雨天，塔腰中行云闪电。朱元璋一听，心中极不高兴，于是不顾人们劝阻，勒令将繁塔拆去五层，成了今天的高度。

开封佑国寺铁色琉璃塔位于河南省开封市城内东北角。这是一座砖砌塔身，外包红、褐、兰、绿等色琉璃构件的楼阁式古塔。因其颜色以红、褐为主，远看似铁色，故又名开封铁塔（图3-185）。

此塔原为木塔，后遭雷火焚毁，在北宋皇祐元年（1049年）重建砖塔。塔为八角形，十三层，仿木结构，高54.66米。塔上的门、窗、额枋、角柱等

图3-185　开封佑国寺铁色琉璃塔

构件，均以各色琉璃材料制成。全塔的琉璃件上，遍布佛、菩萨、天王、力士、飞天等。

1937年营造社再下河南，去了登封太室、少室和启母三石阙、少林寺初祖庵、嵩岳寺塔、周公测景台、净藏禅师塔、登封法王寺塔等。

登封可以说是遍地古迹，这让喜爱它们的人兴奋不已。现一一道来：

排行第一的应该算是周公测景台了。所谓测景台，是我国古代用测量太阳的影子的建筑，用以验证一天的时辰和一年里四季的变化。图中这个类似碉堡的东西，就是3000多年前周公姬旦研究天文用的（图3-186）。

周武王姬发认为，河南的嵩山是天室，遂开始在此祭天。周成王姬诵即位后，为了发展农业，周公旦做了中国历史上第

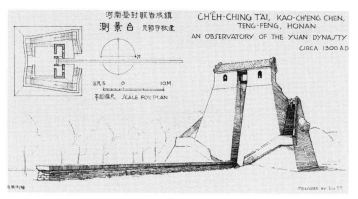

图3-186　河南登封测景台

一次大规模的天文测量。他在全国（指周朝的版图）设置了五个观测点，以颍川的阳城为中点，开始筑土圭、立木表，测量日影，每日有专人定时做记录。用了几年的时间，周公发现日影有一个长、短、再长的周期性变化。根据每天正午的日影变化，找到了冬日影子长，夏日影子短的规律。他规定日影最长的那天为冬至，日影最短的那天为夏至，等等。他简直是个科学家啊！

周公利用测景台"测土深、正日影、求地中、验四时"。古人认为地是方的，既然是方块，就有中心。他发现登封的阳城夏至时影子正在南北线上，就认为这里是天地的中心。于是自己的国家又称"中国"。随之而来的许多词汇都与"中"有关：中原、中土、中央等。甚至普通话里的"好！"，在河南都说成"中！"，因出此处也未可知。

排行第二的大约要算是登封的法王寺了（图3-187）。法王寺是我国最早的佛寺之一，位于登封少室山之南麓。相传始建于东汉明帝永平十四年（71年）。魏明帝青龙元年改为护国寺，后来历代都有建树。今仅存毗卢殿、大雄宝殿和一方形的十五层砖塔。

图3-187　法王寺

法王寺塔约建于唐代盛期即8世纪前半叶，是唐代甚至中国最优美的古塔（图3-188）。塔方形，底层面宽约7米，密檐式，第一层塔身比例特高，以上密檐15层，总高40余米。第一层正面有圆券门可通入塔心，以上各层四面各开一小圆券。法王寺塔的轮廓线中部微微鼓出，上下收小，上部收小更多，整体呈梭形，檐端连成极柔和的弧线，体现了唐代艺术家高度的审美能力。

图3-188　法王寺塔

再下来就排到嵩山三个石头阙了。阙，又称作两观、象魏，实际上就是外大门的一种形式，与牌楼牌坊的起源可能有相同之处，但后来的发展则分道扬镳，各尽其能了。嵩山少室石阙、嵩山开母庙石阙、嵩山太室石阙合称为"嵩山三阙"，属于坛庙阙类（图3-189~图3-191）。太室石阙在河南登封中岳庙前，分东西两阙。西阙于东汉元初五年

图3-189　嵩山太室石阙

图3-190 嵩山少室石阙

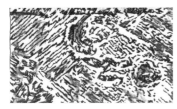

图3-191 嵩山开母庙石阙局部

图3-192 太室石阙局部

（118年）四月由阳城的名士吕常造（图3-192），其上字体为隶书，现存28行，每行9字，唯第三行为10字。此碑的笔法皆双勾，是汉碑中较少见的。东阙为东汉延光四年（125年）无名氏所刻，书风雄劲古雅。《少室石阙铭》汉刻石，在河南登封城西邢家铺，也分为东西两阙。《嵩山开母庙石阙铭》汉刻石，东汉延光二年所刻。如今都被集中到了专门的展厅里，这样一来看着倒方便，不用到处跑了。

　　第四件便是闻名天下的少林寺里的初祖庵了（图3-193）。相传这里为禅宗初祖达摩面壁修行之处，庵内现存最古老的建筑为北宋宣和七年（1125年）建的大殿。大殿只有三间，不甚

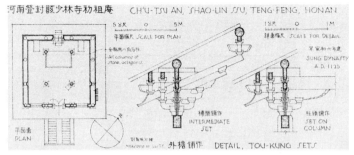

图3-193　河南登封少林寺初祖庵平面及细部测绘图

雄伟，构架利用十六根石柱和天然圆木的弯梁做成，斗拱宏大有力（图3-194），门窗方整规矩，石柱雕刻有武士、飞天、游龙、舞凤、花草等，细腻生动。

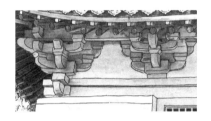

图3-194　少林寺初祖庵硕大的斗拱

　　登封的净藏禅师塔是第五件了，它建于唐天宝五年（746年），是最早，也是唐塔中极为少见的八角形亭式塔。这个小矮个子的砖塔总高才9.5米，下面却有高大的台基为底，然后是须弥座。塔身在八个角处各砌一柱，柱上做一斗三升之斗拱。塔的正面有圆券门，其余的假门假窗都是以砖仿木的形制。虽然塔身损毁严重，但仍然可以看出在塔的上端有缩小了的重檐和比例很大的塔刹（图3-195）。

洛阳白马寺是佛教传入中国后由东汉朝廷斥资兴建的第一座寺院，距今已有1900多年了。白马寺坐北面南，五座殿堂分布在由南向北中轴线上。从前到后依自然地势，渐次升高。中轴线两侧的房子左右对称。整体建筑布局是典型的中式佛寺。寺院侧面有一泰式佛殿，内供一尊7米高的泰国赠送的镀金佛像。寺之东南200米处，有一释迦舍利塔，即白马寺塔。此塔初建于69年，即东汉永平十二年，后倒塌。现存塔重建于金大定十五年（1175年），它是一座九层密檐砖塔，其风格与西安小雁塔相似（图3-196）。

图3-195 登封净藏禅师塔

图3-196 河南洛阳白马寺塔

嵩岳寺早已不存，仅留一塔矗立在登封城北5公里的嵩山南麓。此塔初建于北魏正光四年（523年），历经1400余年依然巍立，可以说是我国现存最古老的砖塔了（图3-197）。塔顶在唐代曾重修。

嵩岳寺塔是一座十二边形的砖砌密檐塔，远看近似圆形。塔身分上下两段，上段有密檐，下段则为无出檐十二边形。这是密檐塔早期的形态（图3-198）。

说来说去的净是些塔了。为什么很多寺庙光有塔而没有寺呢？显然是因为塔是砖砌的，因而能存活得久些。再加上一有避难的，就是跑到寺庙里，还要劈柴生火取暖，把木结构的庙都给拆了。所以如今很多古建只留遗址，而宫殿不全（图3-199）。

著名的龙门石窟位于洛阳市南郊12.5公里处，龙门峡谷东西两崖的峭壁间。因为这里东西两山对峙，伊水从中流过，看上去宛若门厥，所以又被称为"伊厥"。这里地处交通要冲，山清水秀，气候宜

图3-197　嵩岳寺塔

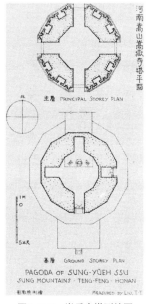

图3-198　嵩岳寺塔测绘图

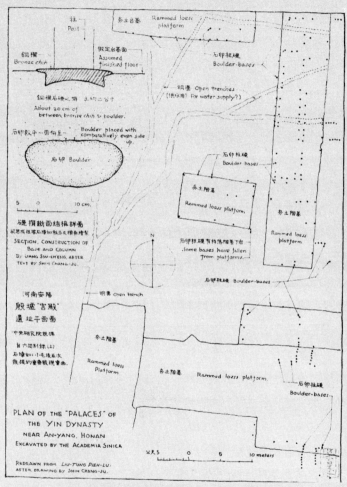

图3-199　安阳殷墟宫殿遗址平面测绘图

人，是文人墨客的观游胜地。又因为龙门石窟所在的岩体石质不软不硬，易于雕刻而不易风化，所以聪明的古人选择在此处开凿石窟（图3-200）。

图3-200　河南洛阳龙门石窟外景

龙门石窟与甘肃敦煌莫高窟、山西大同云冈石窟并称为中国三大石刻艺术宝库。石窟始凿于北魏孝文帝时期（471—477年），历经400余年才建成，迄今已有1500年的历史。龙门石窟现存石窟1300多个，窟龛2345个，其中以宾阳中洞、奉先寺（图3-201）和古阳洞最具有代表性。

佛像里以奉先寺的卢舍那为最美，它集中了中国美男子和印度人的特点，加之高大雄伟，是去龙门的人必看的（图3-202、图3-203）。它的左右各有侍从、金刚护卫着，越发显得其地位的高贵（图3-204）。

图3-201　龙门石窟奉先寺全貌

图3-202 不同角度
的大佛卢舍那（一）

图3-203 不同角度
的大佛卢舍那（二）

图3-204 卢舍那左侧金刚

第六节 向东行走

1936年6月，梁、林夫妇受山东省教育厅厅长何思源之邀专程来济南考察古建筑。他们一路向东，在济南与麦修增会合，然后又考察了山东的多处建筑（图3-205）。

古代历朝里，在山东建都的还真不多，仅仅春秋时代的齐国、鲁国在这里。齐国是西周初周武王分封姜太公的，建都临淄。鲁国则是周公旦的封地，国都在曲阜。不过呢，山东出了个孔子，而且佛教也很发达，有关的古建筑还是很多的（图3-206~图3-209）。

图3-205 当时的河南、山东考察路线示意图（地名为当年称谓）

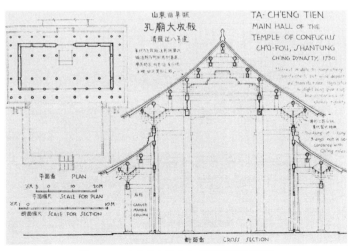

图3-206 山东曲阜孔庙大成殿平剖面测绘图

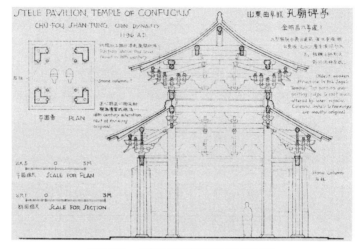

图3-207　山东曲阜孔庙碑亭平剖面测绘图

图3-208　孔庙大成殿

猛一看还以为是太和殿呢，细看少了两个开间

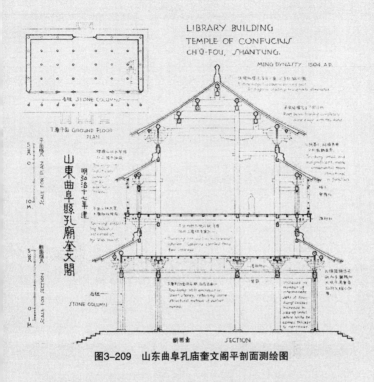

図3-209　山东曲阜孔庙奎文阁平剖面测绘图

　　还有一处古迹，是位于山东省嘉祥县南武宅山的武氏祠，旧称武梁祠。它是武氏家族墓葬的双阙3个石祠的石刻装饰画，现保存刻石40余块。据武氏石阙和武梁碑记载，它的创建年代在东汉建和元年(147年)前后。在山东算是很古老的建筑物了（图3-210~图3-212）。我为了看这位武老爷子的墓，从济南雇了辆出租车，跑了小200公里，到这里一看，除我以外一个游客

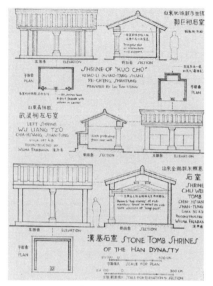

图3-210　山东嘉祥武氏祠测绘图

图3-211　武氏祠的基座

图3-212　武氏祠画像石

没有。连守门的人都奇怪还有人大老远的来看这个墓。其实这个类似博物馆的地方弄得还挺好的，特干净。

再有一处也算是比较古老的建筑，就是山东历城的神通寺四面塔（图3-213）。塔建于隋大业七年（611年），与其说它是塔，不如说是一座小房子。只是门太小了，进不去人。它是国内唯一如此矮小的单层四个面的塔。

历城千佛山位于济南市区南部，是济南三大名胜之一，周以前，这里称作历山。隋开皇年间，人们依山势镌刻佛像多尊，并建"千佛寺"，始称千佛山（图3-214）。千佛山东西嶂列如

图3-213　历城神通寺四面塔

图3-214　历城千佛山造像

屏，风景秀丽，名胜众多。南侧千佛崖，存有隋开皇年间的佛像130余尊。在千佛山北麓建有集中国四大石窟为一体的万佛洞，这里集中了自北魏至宋代的造像之风采。

东鹅庄是山东章丘知名的古村落，村内现存的老建筑比较多。走进村子，随处可见老房子以及特色鲜明的老门楼和四处散落的石碑。在村子中部的幼儿园内有一座雄伟壮观的大殿，这就是东鹅庄著名的常道观（图3-215），又称倒坐观、老君殿。据说此殿是鲁班爷一夜之内修建的，显然是"鲁班的传说"里又一故事。

这座大殿修建于半米多高的台基之上，坐北朝南，三开间；青砖墙，琉璃瓦；殿面阔三开间，为单檐四阿顶，无推山处

图3-215　章丘常道观

理。所谓"推山"是将四阿顶正脊向两端推出，是清代之后庑殿顶处理的定规。但该大殿的正脊较短，加上较为平缓的屋面举折，梁先生考证其始建年代为元代。

屋檐下有多重斗拱，正脊和垂脊之上都有精美的雕刻，正脊中央雕有一身驮宝瓶的麒麟，麒麟头高昂着，张开大嘴作吼叫状，造型生动，惟妙惟肖（图3-216）。

长清县（现长清区）的灵岩寺地处泰山北麓，深藏于灵岩山的崇山峻岭之中。它初建于东晋，兴于北魏，盛于唐、宋、金至明时期与浙江天台国清寺、南京栖霞寺、江陵玉泉寺并称我国寺院四绝，并负四绝之首的盛名。其石牌坊雕刻细致精美，几可与北京碧云寺的石牌坊媲美（图3-217）。

图3-216　正脊麒麟

著名的岱庙坐落于山东省泰安市区北，泰山的南麓，俗称"东岳庙"。它是泰山最大、最完整的古建筑群，为道教神府，是历代帝王举行封禅大典

图3-217　灵岩寺石牌坊

和祭祀泰山神的地方。岱庙城堞高筑，庙貌巍峨，宫阙重叠，气象万千。岱庙创建于汉代，至唐时已殿阁辉煌，在宋真宗大举封禅时，又大加拓建，修建天贶殿等，更见规模。其建筑风格采用帝王宫城的式样，周环1500余米，庙内各类古建筑有150余间。岱庙与北京故宫、山东曲阜三孔、承德避暑山庄，并称中国四大古建筑群（图3-218~图3-220）。

滋阳（现兖州）兴隆寺毁去已久，但塔还在。兴隆寺塔高54米，十三层，是一座八角形楼阁式砖塔。所谓楼阁，就是说它相

图3-218　岱庙全景

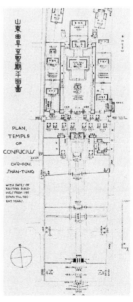

图3-219　岱庙平面测绘图

当于一个楼房，人可以进去。当
然，爬到最顶是不可能的，塔内的
梯子只到第七层。为什么呢？因为
七层之上，塔忽然缩小了，好像放
了个小塔在上面（图3-221）。据
文献资料记载，此塔初建于隋代，
现塔内尚存北宋及清代重修碑。此
塔造型端庄，收分明显，整体较
厚重。

图3-220　岱庙前牌坊

邹县（现邹城市）也有一座无寺的塔（图3-222）。塔的名
字源于塔所在的法兴寺。元代重修后法兴寺改称重兴寺。向当地
老百姓打听，却不知道有此一塔。后来有人说县城的北门外有
一古寺，叫作城塔寺，那里还有
个塔。

跑去一看，果然是个老塔。
此塔建于宋代，是个八角形砖
塔。塔高约30米，共八层。塔无
基座，而是直接从地里长出来一
般。八个面中正东南西北开门，
其他四面做假窗。至于斗拱，仅
一、二层和这两层之间的平座
有，其他六层不知为何都不设

图3-221　滋阳兴隆寺塔

了，难道是工匠偷懒了？

临淄的北魏造像窟位于临淄区高阳乡南高阳村东南侧。石佛与寺院始建于520年（北魏孝明帝正光元年），寺院已废多年，仅存石佛2尊，坐落在寺庙废墟土台之上。台高1.5米，南北长15米，东西宽20米，两佛间距12米，东西排列，均面南结跏趺坐于束腰莲座上，通高2

图3-222　邹县法兴寺塔

米。头饰螺髻，身披袈裟，袒右肩，内著僧祇支，赤足，手施无畏与愿印。莲座上刻有浮雕力士像。手部、面部、须弥座均有残损。

清州云门山石窟造像可分为佛教造像窟和道教造像窟两类。佛教造像窟在山的阳面，是山东地区现存为数不多的唐代以前佛教造像窟之一，因历史久远、窟大、造像精美被各方人士所赞赏（图3-223、图3-224）。窟中共有造像272尊，其中的"合观图"为青州佛像一绝：相对而坐的两人似乎合二为一了，很有点儿毕加索的风格。这些造像虽经1000多年风雨剥蚀，仍基本保存完好。

云门山的道教造像在山阴东侧，称为万春洞。万春洞高1.6

图3-223　清州云门山石窟　　　　图3-224　石窟造像
《角抵力士图》

米，宽1.2米，深5米，为明代嘉靖年间衡王府内典膳掌司冀阳周仓为纪念陈抟老人而凿。本洞雕有陈抟老人枕书长眠石像一躯，此像雕刻年代不详。金代道士马丹阳像刻于寿字西的石壁上，马丹阳便是"全真七子"中的马钰。他的师父是王重阳，他的徒弟们都是金庸小说的人物。

　　济宁铁塔寺原名崇觉寺，位于济宁市中区。崇觉寺始建于北齐皇建元年（560年），北宋崇宁四年（1105年）建塔，寺改名为铁塔寺。铁塔包括座、塔刹在内共11层，高23.8米，呈八角，每层各具特色，塔身瘦高，塔顶为桃形攒尖式（图3-225）。整个铁塔充分显示了我国古代的冶炼技

图3-225　济宁铁塔

术、建筑工艺的水平高度，是我国珍贵的铸铁艺术遗产。

第七节　转而向西

1936年，梁先生、莫先生和麦俨增一同去晋汾地区补测。11月，在结束山西的工作后，一行人继续西行至陕西，所乘坐的火车为拉牲口用的铁皮车厢。车厢内四处漏风，他们用报纸塞在毯子里面挡风，但仍然冻得上牙打下牙，话都说不上来。

因为寒冬已到，野外作业很困难。即使这样，他们仍调查了西安长安县（现长安区）、咸阳和兴平县（现兴平市）的11处建筑。这是第一次赴陕西（图3-226）。

陕西地处中国的中部，是个古老的省份。西安的前身长安地区很早就有都市存在，最早的纪录为西周的国都镐京（前1046—前771年）。春秋战国时的秦国在商鞅变法之后迁都到咸阳，离长安也不算远。前206年，汉高祖刘邦定都长安。三国时汉献帝曾短期迁都回长安。再就是南北朝时期的西晋、前赵、前秦、后秦、西魏、北周等都把都城设在这里。581年，隋文帝杨坚统一中

图3-226　1936年在陕西咸阳顺陵

国，他建立的隋朝最初也定都在长安城。后来觉得长安历经长期战乱，年久失修，破败狭小，于是隋文帝决定另建一座新城。582年，杨坚在长安城东南龙首塬南面选了一块地方建造新都，新都定名为"大兴城"。618年，李渊称帝，建立唐朝，改大兴为长安。长安城最后一次当首都时所属的国家，是仅仅存活了一年的李自成的大顺国（1644—1645年）。

陕西比较靠近西部，回民较多。西安最大的清真寺化觉寺位于西安化觉巷内，位于鼓楼北100多米。当地人多称其为化觉巷清真大寺。它和另一座西安的清真寺——大学习巷清真寺是西安两座最古老的清真寺。化觉寺的东寺建于明洪武二十五年（1392年），可惜在清代改建过。化觉寺总占地面积约1.3万平方米，建筑面积6000平方米。寺内有明万历年间建的高9米的木制琉璃顶牌坊，飞檐翼角，精雕细刻。大殿1300平方米，可容千余人同时做礼拜。我5年前去时，化觉寺旁的大街是热闹的回民食品街，各式各样的回族美食应有尽有。到了那里忍不住尝尝这个吃吃那个，走不到尽头就都撑得走不动了。如今不知怎样了（图3-227）。

按照明代的规定，清真寺的建筑风格必须是中国传统式的（图3-228），然而寺内的布置和

图3-227　如今的化觉寺省心楼

装饰还是阿拉伯风格的。两个民族的不同风格在这里巧妙地融合在了一起，无怪乎联合国把它列入了世界伊斯兰文物之一。

图3-228　化觉寺月碑

1937年5月，刘敦桢与麦俨增再下陕西、河南调查（图3-229）。

西安最著名的古建要算是大雁塔、小雁塔了。大雁塔，又名大慈恩寺塔，唐高宗永徽三年（652年）玄奘法师为供奉从印度取回的佛像、舍利和梵文经典，在慈恩寺的西塔院建起一座高180尺（180尺≈60米）的五层砖塔，后在武则天长安年间改建为七层（图3-230）。

大雁塔通高64.5米，塔体为方形锥体，造型简洁，气势雄伟，是我国佛教建筑艺术中不可多得的杰作。

唐代诗人岑参曾在诗中赞道："塔势如涌出，孤高耸天宫。登临出世界，磴道盘虚空。突兀压神州，峥嵘如鬼工。四

图3-229　当时的陕西主要考察路线示意图（地名为当年称谓）

角碍白日，七层摩苍穹。"大雁
塔的恢宏气势由此可见。

小雁塔建于唐景龙年间
（707—709年），是唐代著名佛
教寺院荐福寺的佛塔，位于荐福
寺内。这座密檐式砖塔略呈梭
形，原高十五层，现余十三层，
高43.38米，共15级，现存13级，
其平面呈正方形，底边各长11.56
米，每层叠涩出檐，南北两面各
开一门。底层南北各有券门，上
部各层南北有券窗。底层南北券
门的青石门相。门框上布满精美
的唐代线刻，尤其门楣上的天人
供养图像，艺术价值很高。塔身
从下而上，每一层都依次收缩，
愈上则愈细，整体轮廓呈自然圆
和的卷杀曲线，显得格外英姿飒
爽（图3-231）。因体量比大雁塔
小，故称为小雁塔。

香积寺位于原长安县(现属
西安市长安区)境内，是中国净土

图3-230　大雁塔

图3-231　小雁塔

宗的祖庭。唐高宗永隆二年（681年），住持善导大师圆寂，弟子怀恽为纪念善导功德，修建了香积寺和善导大师供养塔，使香积寺成为中国佛教净土宗正式创立后的第一个道场（图3-232）。唐代的香积寺位于古都西安城南约17.5千米处。

图3-232　香积寺

安史之乱和唐武宗灭佛事件中，香积寺遭到严重破坏。直到宋代，净土宗流行，香积寺又得到修复。宋、元期间，长安衰落，寺院年久失修，到明嘉靖年间才进行了大规模的修复。清代，香积寺仍保持明代的规模，并进行了修葺。直到清末，寺内还保有许多金石文物，仅历代雕刻就有119件。不过这个善导大师供养塔看着仍然破破的，大概有年代没修了。

长安的兴教寺是玄奘（即唐三藏）的墓地。玄奘生于600年（隋代），取经回来后晚年一直住在长安译经。唐高宗麟德六年（664年），玄奘圆寂。唐高宗惊悉，忧伤不已，三天没上朝，遂赐葬玄奘于陕西铜川玉华宫。可唐高宗每日早朝都能看见玄奘墓地，越发悲伤难愈。三年后，大臣担心皇帝悲伤过度，建议赐迁墓地到白鹿原，后来奉旨葬在陕西樊川平原的兴教寺内。三藏塔位于兴教寺的塔院内，塔为方形五层砖塔，高21米，底边每边长5.2米。一层南面有一龛，内放玄奘雕像。二层以上用浅浮雕的手法做出壁柱、阑额和斗拱。塔身收分匀称，造型端庄，是我国早期楼阁式塔的典型作品（图3-233）。

三藏塔侧面还有两座偏师塔，高三层，形制与三藏塔相似（图3-234）。

图3-233　三藏塔

图3-234　偏师塔

汉武帝刘彻的陵墓位于陕西省咸阳市和兴平市之间的北原上，西距西安近40公里。汉武帝刘彻于建元二年（前139年）开始在此建自己的寿陵。长寿的汉武帝在52年后（前87年）终于如愿以偿地躺在了这里。汉武帝把每年税收的1/3用在修建自己的陵墓上，因此茂陵建筑宏伟，墓内殉葬品极为豪华丰厚（图3-235）。

茂陵封土为覆斗形，现存残高46.5米，墓冢底部基边长240米，整个陵园呈方形，边长约420米。至今东、西、北三面的土阙犹存，陵周围陪葬的墓尚有李夫人（汉武帝的宠妾）、卫青

（汉大将）、霍去病、霍光（霍去病同父异母的弟弟）、金日磾（原匈奴休屠王的太子，后投汉，被赐姓金）等人的墓葬。它是汉代帝王陵墓中规模最大，修造时间最长，陪葬品最丰富的一座，被称为"中国的金字塔"。

图3-235　茂陵碑亭

咸阳附近共葬有西汉11个皇帝中的9个，陵墓自西向东依次排列，长近百里，气势宏伟。因此走在汉中平原，似乎到处都可以看见大馒头似的陵墓。

霍去病是西汉抗击匈奴的著名将领，18岁就率轻骑800，进击匈奴，歼敌2000，被封为"剽姚校尉"。此后6次率领大军出击匈奴，击败匈奴主力，打开了通往西域的道路，以功受封为"大司马骠骑将军""冠军侯"。元狩六年（前117年）病逝，年仅24岁。汉武帝因其早逝十分悲痛，下诏令陪葬茂陵。为了表彰霍去病河西大捷的赫赫战功，用天然石块将墓冢垒成祁连山的形状，象征霍去病生前驰骋鏖战的疆场。

霍去病墓前共有16件石刻，包括石人、石马、马踏匈奴、怪兽食羊、卧牛、人与熊等，题材多样，雕刻手法十分简练，造型雄健遒劲，古拙粗犷，是中国迄今为止发现的年代最早、保存最为完整的大型圆雕工艺品，也是汉代石雕艺术的杰出代表。其中"马踏匈奴"为墓前石刻的主像，长1.9米，高1.68米，用灰白色细砂石雕凿而成，石马昂首站立，尾长拖地，马肚子底下有一雕手持弓箭匕首长胡子仰面朝天做挣扎状的匈奴人形象（图3-236）。雕塑名曰"马踏匈奴"，是最具代表性也最解气的纪念碑式的作品，在中国美术史上占有重要的地位。

图3-236 马踏匈奴石雕

到了户县，一提草堂寺，没有不知道的。这个草堂寺，原是东晋十六国时期后秦逍遥园的一部分。后秦的国王姚兴崇尚佛教，于弘始三年（401年）迎请龟兹国（龟兹是古代西域国名，在今新疆天山南麓中部、塔里木盆地北缘的库车县一带）的高僧鸠摩罗什来长安，待之以国师之礼，让他住在逍遥园西明阁。鸠摩罗什7岁出家，聪慧异常，曾留学印度，精通佛典，后长住甘肃河西走廊，又熟悉了汉语。在户县，鸠摩罗什带领3000多名佛门子弟校译梵文经典97部427卷，完成了历史上首次用中国文字大规模翻译外国书籍的浩大文化工程。由于鸠摩罗什译经场以茅草盖顶，故得名"草堂寺"。

唐太宗曾有诗赞这个佛教圣地户县：

秦朝朗现圣人星，远表吾师德至灵。

十万流沙来振锡，三千弟子共翻经。

文含金玉知无朽，舌似兰荪尚有馨。

堪叹逍遥园里事，空余明月草青青。

草堂寺现存最大殿堂是逍遥三藏殿。该殿横匾由兴善寺方丈妙阔法师草书题写，体势遒劲超逸。日本日莲宗信徒为了表达对鸠摩罗什的敬仰和对草堂寺的向往，曾捐资雕塑了鸠摩罗什三藏法师坐像（图3-237）。像高1.2米，用一整块楠木刻成，一双慧眼，满面含笑，栩栩如生。

图3-237 鸠摩罗什三藏法师
坐像

鸠摩罗什圆寂火化后，其弟子收其舍利，建造舍利塔以纪念之（图3-238）。塔通高约2.44米，塔身八面十二层，用纯玉石镶拼而成，每层玉色彩不同，为玉白、砖青、磨黑、乳黄、淡红、浅蓝、赤红及灰色等色，故俗称"八宝玉石塔"。塔的最下层为方座，方座之上是须弥座，须弥座上是重叠的三层云台。塔身上方为屋脊型覆盖，盖下刻着许多线条流畅的佛像。原来盖上还有三层珠宝，但太平天国时塔顶被毁，寺院僧

图3-238 鸠摩罗什舍利塔

人以山石补之。宝塔经过1000多年风雨沧桑，比较完整地保存下来，实属罕见。现在人们把这个宝贝疙瘩请到了屋里，风吹雨打都不怕了。

记得金庸在哪一部书里，曾经把鸠摩罗什写成一武功高强的坏蛋，当然，名字有所改动，叫鸠摩智。不知他对老鸠哪里来的成见。从鸠摩罗什的塑像上看，他应该是个和蔼可亲的人。

还有一处较有意思的庙，叫作药王庙（图3-239）。它位于陕西耀县（今耀州区）城东1.5公里处，是唐代医学家孙思邈长期隐居之处，后来因为民间尊奉孙思邈为药王而得名。

孙思邈，京兆华原（今耀州区孙家塬）人，除治病外，还编著医书。《千金要方》《千金翼方》各30卷是他的力著。这两本书对中国医学发展贡献极大。

药王山所在地在南北朝时就建有佛教寺院，唐末以来，宋、元、明、清各朝代都抢着为孙思邈修建庙宇，使药王山成为寺庙林立、文物丰富的宝库。药王山海拔812米，药王大殿在北边的山腰上。从山下拾级而上，经过

图3-239　药王庙

天门，便是雄伟壮观的大殿。大殿高22米、宽24米、长57米，依山而立，如同空中楼阁。殿门前耸立着一对铁旗杆，上面有一幅赞颂药王高尚医德和高超医术的对联："铁杆铜条耸碧霄千年不朽；铜烧汞炼点丹药一日回春"。大殿中央靠山，有明代孙思邈彩色塑像一尊，高3米，白脸长须，身着便服，相貌温和端庄，但看着有点像释迦牟尼。大概当时的工匠没有孙思邈的相片，就按照他们做惯了的样子塑了一个。塑像上方，有松鹤延年雕画。塑像背后，有一岩洞，俗称药王洞。

第四章　李庄苦撑

1937年卢沟桥事变之后，梁、林等人回到北平。

看到政府机关纷纷打包准备西撤。营造学社也决定暂时解散，各奔前程。为了不让几年来考察的大量资料落入日本鬼子手中，他们在天津英租界区内的英资银行里租了保险柜，将资料存入，并规定必须有朱、梁、刘三人共同签字，方可取出。

正忙着，日本人进城了（图4-1）。

为了不当亡国奴，大批的老百姓扶老携幼，挑着行李，开始了逃难（图4-2）。逃到哪里？不知道，反正是哪里没有日军就去哪里。日军来了再接着逃。

一天，梁先生收到所谓"东亚共荣协会"的请柬，邀他参

图4-1 日军在鼓楼西大街

图4-2 逃难的人群

加一个会议。梁先生心说：不好！日本人注意到自己了。第二天，梁先生和一家人：妻子、岳母、一女一儿只带了一些随身换洗的衣物，其他都扔下，便逃难去了。临走前，罹患肺病的林先生到医院做了检查。医生给她的警告是不适于长途跋涉。林先生在给沈从文的信中乐观而幽默地写道："但警告是白警告，我的寿命是由天的了。"

　　流亡开始了，梁先生一家从天津一路马不停蹄，"由卢沟桥事变到现在，我们把中国所有的铁路都走了一段。带着行李、小孩，奉着老母，由天津到长沙共计上下舟车十六次。"

　　1937年10月，一家人到了湖南长沙，才算消停了些日子。在这里，他们租了二楼的两间屋子，自己动手干一切家务事（图4-3）。

图4-3 女儿大了，能帮上妈妈
干点儿活了

林先生给沈从文的信里，充满无奈、希望和乐观地写道："我们太平时代考古的事业，现在谈不到别的了。在极省俭的法子下维护它不死，待战后再恢复算最为得体的办法。个人生活已甚苦，但尚不到苦到不堪。我是女人，当然立刻变成纯净的糟糠的类型。租到两间屋子，烹调、课子、洗衣、铺床，每日如在走马灯中。中间来几次空袭警报，生活也就饱满到万分。"

不久，清华、北大、南开的1600名师生也抵达了长沙（图4-4）。国民政府决定在长沙组成临时大学，并在11月1日开学了。

北总布胡同的老朋友们会合在了这个因战争而忽然变得拥挤的城市里。他们经常聚集在梁先生家，一起讨论当下和未来的局势。临散去之前，大家总要满怀悲愤地高唱抗日救亡歌曲，梁先生当仁不让地做了指挥。

图4-4　流亡学生到长沙

才安生了两个月，长沙遭日军大轰炸（图4-5）。林先生在给费正清夫妇的信里形容道："炸弹就落在离我

图4-5　长沙大轰炸

们房门口大约十五米的地方，天知道我们怎么没被炸成碎片！当先听到两声稍远处的爆炸和接着传来的地狱般的垮塌声音，我们各自抢起一个孩子就往外冲。随即我们的房子就成了碎片。"

他们不得不拔寨西行，其实已经无寨可拔了，不过是活着的一家人和几床必要的被褥而已。一路上林先生发了高烧，其艰苦情景一言难尽。39天后，即1938年1月，一家老小终于到了云南的昆明郊区的龙头村，又暂住了下来（图4-6、图4-7）。

图4-6　梁林一家在龙头村的住宅

图4-7　在龙头村小院子里

他们在昆明的日子要用四个字形容：贫病交加。梁先生先是背部肌肉痉挛，疼痛不能入睡，后因扁桃体切除引发牙周炎，满口牙齿尽行脱落，周身的疼痛使他只能半躺半卧在一张帆布床上。家务事全落在林先生和大女儿身上（图4-8）。即使

图4-8　林先生和女儿正在干活

这样，梁先生仍挂怀于营造学社的工作。不久，莫宗江先生及陈明达、刘致平也先后到达昆明（图4-9）。营造学社又可以异地开

图4-9　1938年1月，北平的朋友聚首昆明

张了，梁先生遂向"中华教育文化基金董事会"去信，希望能支持学社在大后方继续工作。周诒春回电说，只要梁思成和刘敦桢在一起，他就认为营造学社存在，可以继续提供补助。

赶紧找刘敦桢！一打听，他回老家了。函问之下，正在湖南老家的刘敦桢先生同意来昆明。于是，营造学社在昆明市市府院子的前院，又开始工作了。此时营造学社成员有梁、林、莫、陈、二刘共六人，加上家属，够一个班了（图4-10）。

在万般的苦难中，还是有一点好

图4-10　两位营造学社社员及其朋友、家属

前排左起为林徽因、梁再冰、梁从诫、梁思成、周如枚（周培源次女）、王蒂澂（周培源夫人）、周如雁（周培源长女）后排左起为周培源、林徽因之母何雪瑗、陈岱孙、金岳霖

消息的，除了中华文化基金董事会答应继续资助只有六名社员的营造学社外，费正清来信告知，梁先生在美国《笔尖》杂志上发表的两篇论文有一点稿费。费正清把稿费的支票寄来时，大家都高兴极了，这笔钱对于贫病交加的梁、林一家是多么宝贵呀！

不忘使命的营造学社成员们在日军频繁轰炸大后方的极其艰苦的情况下，于1939—1940年在川、康地区进行了他们的最后一次野外古建考察，历时半年。当然，河北山东等地是去不了了，要等"王师北定中原日"。

时值抗战，其历程艰险、任务艰巨不是我们今日能想象出来的。考察覆盖四川、重庆两地35个县，调查了古建、崖墓、摩崖、石刻、汉阙等730余处。

四川的地面建筑在张献忠起义时被毁得所剩无几。现存的木结构差不多都是明末以后的。其实这个年代在美国离建国还100多年呢，对他们来说却觉得太新了。只有不易燃烧又没法使用的砖、石阙、塔和石刻、崖墓之类还凑合能看看。

因为在大后方常有军事基地，怕不让进去，于是7月份在躲避炸弹的间隙中，营造学社的人去成都办了人手一张的"护照"（图4-11）。做准备工作（需要带着万一碰到什么险情，用来应对的家伙什）又耽搁了些时日，9

图4-11　发给梁先生的"护照"

月26日，好不容易算是正式出发了。

在成都，他们调查了鼓楼南街清真寺大殿文殊院、民居，还看了民众教育馆内五代时梁代的造像，10月6日到灌县（今都江堰市）。一路上不是坐货车，便是搭顺路的军车。货车都不配给汽油，只能烧木柴。车速慢还不说，一股煤焦油常常把人熏得要命。

灌县的道教很发达，有不少道观，还有一竹索桥（安澜桥），此桥是我国索桥里最长的（容后表）。

返回成都时，一个坏消息正等着他们：存在天津银行里的资料因发大水全泡汤了，必须赶快取出。听到这个惨痛的噩耗，梁、林二人抱头痛哭。

艰辛的考察之路，他们没掉一滴眼泪，贫困的物质生活，他们没掉一滴眼泪，而现在，他们哭得无比伤心，这是他们的心血，他们的命根子，他们为之奋斗的成果啊！

亲自去天津是望洋兴叹的事，梁先生和刘先生只好联名出具证明，同意由朱启钤一人前去提取。同时向中英庚款董事会申请5000元作为抢救费用。

抱着亡羊补牢的心情，朱启钤带领乔家铎、纪玉堂等人把被水泡坏的资料精心地一点一点揭开，晒干，又请赵正之把一些重要的测稿描绘下来，一些照片也做了翻拍，设法把它们寄到1940年以后梁、林所在的李庄。如若没有这些资料，梁、林二人后来的研究和撰写《中国建筑史》的工作是很难进行的。

10月18日，在尘土蔽日的公路上，一行人又向雅安进发了。在雅安，几乎没有现代交通工具，只能坐滑竿（幸亏兜里的钱还算够用）。25日，又从雅安乘竹筏子，沿着青衣江东下，然后过夹江到乐山。从这里几人分兵几路，磕磕绊绊地考察了广汉、德阳、绵阳、梓潼、剑阁、昭化、广元等地及四川南部诸县（图4-12~图4-18）。

图4-12 四川省主要考察路线示意图（此地图为当时之状况）

图4-13 广元皇泽寺

图4-14 新都宝光禅院

图4-15 渠县文庙石牌坊

图4-16　南充西桥

图4-17　重庆工务局

图4-18　在四川考察时被村民围观

　　在少量仅存的建筑中，较精彩的有蓬溪县鹫峰寺的大雄宝殿（图4-19）。它建于明正统八年（1443年）。大殿的整体比例相当精美，是四川的"第一美男"。大殿的屋顶在垂脊处有一层类似台阶的东西，很是特别。

　　再就是位于绵阳北部梓潼的七曲山文昌宫天尊殿（图4-20），还算是个老建筑。七曲山文昌宫位于绵阳市梓潼县境内，是全国文昌庙的发祥地。主神文昌帝君原名张亚子。这个张亚子在西晋太康八年（287年）出生于四川越西县金马山。后

图4-19　蓬溪县鹫峰寺

图4-20　梓潼七曲山文昌宫天尊殿

来为避开母亲的仇人，举家迁来七曲山。张亚子属自学成才的"赤脚医生"，一生行善治病，死后被梓潼百姓奉为梓潼神，原来供在七曲山的善板祠里。

后来，这位已经死去多年的张亚子先生在自己不知情的情况下，被道教和儒士，以及当朝天子因他们各自的需要而大力推崇，与古老的星宿神——文昌星神合二为一，由一个地方小神三级跳成为天下共祀的大神。张先生（这会儿他已经是文昌星了）的任务是掌管功名、文运、利禄。如今逢到高考临近，各地文昌宫的香火都极其旺盛。在北京的妙峰山，我在文昌庙前见识过那壮观的场面：正值高考前夕，家长们去给文昌君烧香，使得满院子烟熏火燎。

祭祀文昌君的风俗始于宋元，到明清已成为重要的官祭活动。我觉得在张亚子先生的时代，出生证之类的东西应该还没出现吧。也不知谁考证的，立了二月初三为文昌君的生日。不管怎么说，这一天全国各地都要举行祭祀文昌君的活动，又叫作文昌会。祭祀规格与祭祀孔子差不多。

我国各地文昌祠多不胜数，其源头却在七曲山（图4-21）。整个大庙建筑群宏伟壮丽，被川陕公路一分为二。主要建筑如文昌殿、关帝庙、风洞楼、白特殿、瘟祖殿、时

图4-21　梓潼七曲山石牌坊

雨亭、家庆堂、天尊殿等，都在路东。它们依山就势，主次分明，错落有致，鎏金铜瓦，重檐翼角，不是帝王宫苑却有皇家气派。特别是正门之上的百尺楼，是名闻巴蜀的明代建筑，据说当年曾与湘楚名楼黄鹤楼、岳阳楼媲美。

四川宜宾有"宜宾三塔"：旧州塔、白塔、黑塔。

旧州塔为空心密檐式方形结构，砖砌泥粘，无石料基础，类似云南大理弘圣寺塔。塔高29.5米，底部每边宽7.23米，塔内分一底四层，每层皆有砖筑藻井、斗拱及绕塔心而上的蹬道。各层每面除正中小窗外，两侧作小塔及窗棂。整个塔形比例匀称，玲珑庄雅（图4-22、图4-23）。据塔砖铭文和塔身内壁的佛龛题记考证，此塔建于北宋崇宁元年至大观三年（1102—1109年）。令人惊奇的是，整个塔基不深，全用土砖直接在鹅卵石上砌造，虽经历了800多年风雨侵蚀和地震，竟毫无倾斜和毁裂，可谓立

场坚定。

白塔在宜宾城东面的登高山（又名东山）上，又名东雁塔。建于明代隆庆年间（1567—1572年）。塔身空心密檐六方圆锥形砖石结构，共八层，高35.8米，基层直径11.2米。塔内有梯旋环可通顶端。在塔顶有约六七平方米平台，可鸟瞰宜宾城及远近山水。清代诗人杨端曾写诗道："竹杖芒鞋兴颇赊，郊原到处听清笳。欲登白塔穷秋望，且泛扁舟荡日斜。山外白云浑似水，江头红树胜于花。归来未觉经行倦，更向河亭问酒家。"

隔着长江与白塔、旧州塔遥相辉映的是七星山黑塔（图4-24）。塔造于清代嘉庆年间（1796—1820年），为空心密檐八方圆锥形砖石结构。塔高27米，塔顶早坏，现有七层。塔内有石级绕塔心至顶，共118级。塔内有空室，置佛龛，多浮雕石刻。其实塔本身并未涂什么颜料，因砖石近铁青色，远看黑不溜秋

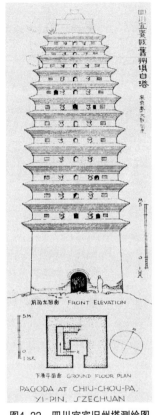

图4-22 四川宜宾旧州塔测绘图

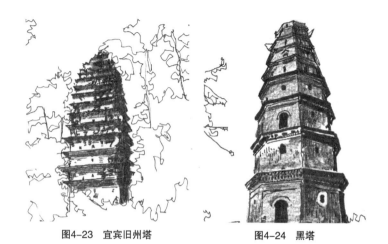

图4-23 宜宾旧州塔 图4-24 黑塔

的。一直以来也没个文人雅士给起个好名字，老百姓都称它为黑塔，也就默认是它的名字了。

在四川，汉阙几乎是随处可见的古迹。其总数占全国汉阙的3/4。汉阙是中国古代特有的建筑设施，是汉代宫殿、祠庙和陵墓前一种表示尊严的装饰性建筑，每阙由主阙和子阙组成，一般有阙墓、阙身、阙顶三部分，既是一种古老的建筑艺术，又是一种特殊的石刻珍品，保存较好的有雅安的高颐阙（图4-25）、绵阳平阳府的君阙等。这两个阙都是子母阙（一大一小）。其下部有台基，上部仿木结构，在砖上刻上斗拱并挑檐。

如今的四川雅安高颐阙已经被严密地保护起来了，外有围墙，顶有玻璃。若不是我去成都西南交大看我父亲的雕像落成时，趁机跟校领导提出去看此阙的要求，还真的很难进去一睹芳容呢。

东汉益州太守高颐及其弟高实的墓阙，是四川保存最完整、最精美的石阙。它位于雅安市姚桥镇汉碑村，东汉建安十四年（209年）建造。阙体用多块红色长条石英砂岩堆砌而成。两阙相距13.6米。现西阙（高颐阙）的主阙和子阙保存完整。西阙主阙高约6米，子阙高3.39米。为重檐五脊式仿木结构建筑（图4-26）。主阙上第二层浮雕内容有"张良椎秦皇""高祖斩蛇""师旷鼓琴"等历史故事，以及神话故事传说中的九尾狐、三足鸟等。浮雕的风格近似于

图4-25　雅安高颐阙

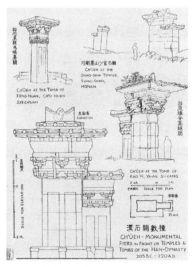

图4-26　四川汉阙测绘图

漫画,很是生动可爱。你看那师旷奏琴时,鸟儿都来聆听,晋平公感动得都抹眼泪了(图4-27)。再看汉高祖,竟然用一烟袋锅子就把蛇给捶死了,于是高枕无忧起来(图4-28)。

图4-27　师旷鼓琴

这些图纸数据的得来方式如图4-29~图4-33所示。

图4-28　高祖斩蛇

图4-29　考察现场照片(一)

图4-30　考察现场照片(二)

图4-31　考察现场照片(三)

图4-32　绵阳平阳阙考察现场照片

看着考察照片里的人一个个西服革履长袍马褂的，可你知道他们都是在怎样的条件下，乘着什么交通工具跑来跑去的吗？如图4-34所示。

图4-33　考察现场照片（四）

这是逃难吗？还真是。随着日军不断地向内地入侵，越来越多的人就是这样涌向大西南。营造学社的人不得不挤在他们之间，去到他们要去的地方。

图4-34　考察路上照片

如前所述，阙这个东西烧不坏搬不走，于是得以保存，如同中原地带的塔。在四川，单个的阙比比皆是（图4-35），典型的有渠县的冯焕阙（122年）（图4-36）。它在形制上与其他阙差不多，但特别秀气挺拔，被梁先生称为

图4-35　绵阳平阳府的君阙

"曼约寡俦，为汉阙中唯一逸品"。

崖墓多在山里，是一种在汉代四川流行的殡葬方式。崖墓的规模有小有大。小者仅一个洞，能挤进一口棺材而已；大者前面

凿有祭堂，祭堂门外有石兽等雕刻，内部浮雕仿建筑的檐、柱等（图4-37）。从祭堂里再凿两条墓道，放棺椁的墓室在墓道之侧。如乐山白崖的崖墓、彭山崖墓等（图4-38）。

图4-36　渠县冯焕阙

四川的摩崖石刻造像可谓中国之冠。可能因为那里石头山较多，川人又善于攀登。所以在陡峭的山崖上作雕刻就不足为奇了（图4-39、图4-40）。在"两岸猿声啼不住，轻舟已过万重山"的岷江、嘉陵江两岸，

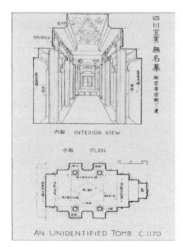

图4-37　宜宾无名墓测绘图

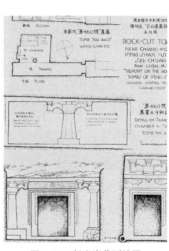

图4-38　彭山崖墓测绘图

图4-39 四川乐山泓寺石刻

图4-40 昭化观音崖

这样的石刻比比皆是。绵阳西山观的摩崖造像在城西凤凰山（图4-41），那里有摩崖造像80多龛，多为道教题材。其中隋大业六年（610年）龛为国内最古老的道教造像。

绵阳市西山观玉女泉崖壁上有25龛道像。最大龛（25号）长2.58米、高1.62

图4-41 绵阳西山观的摩崖造像

米。老君与天尊并盘腿坐莲台上；供养人分四列布于左右壁上。供养题名刻字有"上座杨大娘，录事张大娘，王张释迦，文妙法，雍法相……"（全是女人）；"上座骑都尉陈仁智，紫极宫三洞道士蒲冲虚，检校本观主三洞道士炼师陈……"（全是男人）。提名竟然还男女有别，真长见识了。

另有题记刻字云："大业六年太岁庚午十二月廿八日。三洞道士黄法暾奉为存亡二世敬造　天尊像一龛供养。"此外尚有"咸亨元年""咸通十二年"等题刻。

广元千佛崖在嘉陵江东岸，大小400多龛绵延数里，极为壮观（图4-42~图4-45）。这里的造像多凿于唐代，与洛阳龙门石窟时间和内容相仿，只是没有大个儿的佛像，因此名声不及云岗、龙门。

著名的乐山大佛也应该算在摩崖造像之列（图4-46）。其实它的边上还有造像多处，但均已风化，唯独最大的佛像保存尚好。大佛开凿于唐玄宗开元初年（713年），原先由海通大师主持，凿到膝盖部位，海通大师圆寂，大佛就此停工。唐贞元五

图4-42　广元千佛崖照片（一）

图4-43　广元千佛崖照片（二）

图4-44　广元千佛崖照片（三）

年，节度使韦皋奉命继续，到贞元十九年（803年）完工，前后拖了90年。1925年云南军阀杨森的部队不知哪根筋搭错了，竟然向没招谁没惹谁的大佛脸上开炮，把大佛给毁了容。后来虽然给做了"美容"，但貌似神经麻痹，没有表情了。

图4-45 广元千佛崖照片（四）

乐山大佛因其巨大而驰名天下。这尊佛像体态匀称，神势肃穆，依山凿成，临江危坐。大佛通高71米，头宽10米，肩宽24米，手指长8.3米，脚背宽8.5米，可围坐百人以上，被诗人誉为"山是一尊佛，佛是一座山"，为世界上最大的石刻弥勒佛坐像。大佛左侧，沿洞天下去就是凌云栈道的始端，全长近500米，大佛右侧是九曲栈道。

图4-46 乐山大佛

我去的时候，导游小李还讲了一个动人的故事：乐山开凿大佛的发起人是海通和尚。海通是贵州人，很早就背井离乡，到四川乐山凌云山当了和尚。凌云山下是三江汇聚之处，每当汛期，山洪暴发，洪水便如脱缰野马一般横冲直撞，常常倾覆船只毁坏农田。

为了制服江水，海通和尚立志要开凿一尊大佛来镇压水怪。要实现这一设想，首先便是资金问题。于是海通四处化缘，经过数年积累，终于凑足了资金。但地方官吏因没得到好处费，便无端刁难海通，声称要收取建造费和保护费，否则不让开工。海通非常生气，他对那狗官说："你们可以拿走我的眼睛，但绝不能拿走建佛的钱。"

那狗官笑道："好啊，你要真给我你的眼珠，我就不要你的钱。"

海通和尚马上拿出尖刀，剜出一目，用盘子接住，血糊糊地捧到官吏面前。地方官吏大吃一惊，吓得赶紧逃离现场。海通和尚忍住剧痛，一挥手，大佛立刻开凿。海通和尚死后，他的徒弟领着工匠继续海通和尚未竟的事业，开凿大佛。

大佛右耳耳垂根部内侧，有一深约25厘米的窟窿。维修工人曾从中掏出许多破碎物，细看乃腐朽了的木头屑。这说明长达7米的大佛耳朵跟石头大佛不是一体，而是用木柱作结构，再抹以锤灰，后安上去的。在大佛鼻孔下端亦发现一窟窿，里头露出三截木头，成品字形。说明隆起的鼻子也是后安的木头鼻子。

佛像雕刻成后，曾有七层楼阁覆盖着，时称"大佛阁（图4-47）""大像阁"。可这个大佛阁屡建屡毁，宋时还曾重建"凌云阁""天宁阁"；元代又重建"宝鸿阁"；明代崇祯年间建"佛棚";清代建"佛亭",最终都没影了。可见大佛特喜欢晒太阳。

由李冰父子修的都江堰上的安澜桥是我国著名的五大古桥之一(图4-48),它坐落于都江堰首的鱼嘴上,横跨内江和外江的分水处,是一座名播中外的古索桥。安澜桥始建于宋代以前,全长约500米,最早称绳桥或竹藤

图4-47 曾经的大佛阁

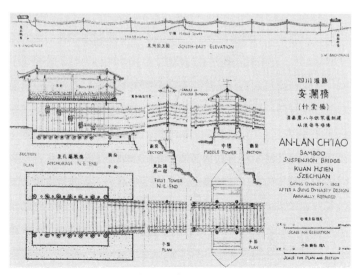

图4-48 四川灌县(今都江堰市)安澜桥测绘图

桥。明末毁于战火，后又重修成索桥。安澜桥以木排石墩承托，用粗如碗口的竹缆横飞江面，上铺木板为桥面，两旁以竹索为栏杆（图4-49）。

图4-49　如今的安澜桥

营造学社离开北平后，没了图书馆，好些资料看不到。幸而梁思永所在的中央研究院历史语言研究所背着相当一批图书也撤到了大后方。为了能看资料，更为了解决一点资金，营造学社实际上挂在了史语所。1940年，因滇缅公路成了坚持抗日的重要补给线，日军对云南昆明的轰炸频繁了起来。史语所和营造学社不得不告别了住了3年的昆明郊区的龙斗村，撤往四川南溪县的李庄。

临离开昆明时，梁先生给费正清写了一封信，希望费正清能帮他在美国的《国家地理》杂志上发表他撰写并手绘插图的《在中国北部寻找古代建筑》一文。当然，梁先生十分希望能得到一笔稿费。这笔稿费对贫病交加的林先生、梁先生来说，实在是太需要了。可梁先生却要求费正清用这可能得来的稿费帮他在美国订阅杂志和买书！其中包括：两年的《读者文摘》（$8）、两年的《建筑论坛》（$11）、一年的《时代周刊》、一年的《国家地理》。对于这些被林先生称为"死心眼的建筑师"来说，精神食粮远比吃饱肚子来的重要啊！

1968年我走出校门，被分配到了大庆油田。那时什么书都被冠之以"封资修"而禁止阅读。一经发现，立即没收，还得挨批判。就那样，我还偷偷地带了一套《三国演义》。逢到休息日才悄悄拿出来看。每次看完了，就藏到当作墙壁的两层席子之间。几年来靠着这部都能倒背如流的书，度过了那些没有电视，没有无线电，没有书籍，没有文艺活动、体育活动的日子。一句话，没有任何精神食粮的年代，看了梁先生对书籍和杂志的渴望，似有同感。

梁先生1940年在给费正清的信里叙述了这次的迁徙："史语所要搬迁到四川。我们靠史语所的资料生存，所以不得不一同前往。这次迁移真是令人沮丧，它意味着我们将要和一群有十几年交情的朋友分离，去到一个远离任何大城市的全然陌生的地方。"

这个"全然陌生的地方"真是远离城市，它在一个过去完全不为外人所知的四川东南的一个角落里。大约也正因如此吧，它才是个相对安全的所在（图4-50~图4-52）。

图4-50　从昆明到李庄的迁徙路线示意图

在李庄，他们从1940年12月13号到1946年5月，一待就是将近6年。在这6年里，他们除了继续考察工作外，大量的

图4-51 李庄史语所所在地

图4-52 史语所的骨干

时间都用在了绘制测绘图上（图4-53、图4-54）。那时没有好的绘图工具，没有明亮的照明，冬季无采暖，夏季没空调，更没有能吃饱肚子的供应。他们硬是凭着对中国古代建筑的热爱，对承前启后的期盼，把一颗心放在了这些图纸上。

图4-53 在李庄工作

院子里的原营造学社的破房子早已经不在了。最近，清华大学根据当年的回忆，重建了那房子（图4-55）。这是一个两进的院子，前院那排房

图4-54 营造学社工作的地方

距李庄一里地远的名叫月亮田的村子，营造学社在那里租了一个院子。

子当中是办公室，一左一右住的分别是营造学社的哼哈二将梁先生家和刘敦桢先生家，侧面住着莫先生等。

在院内的一棵大树上，梁先生拴了根竹竿，每天，梁先生都要带着几个年轻人练爬竹竿，为的是有朝一日飞檐走壁时用得上。

图4-55　重建后的营造学社

如今这个原先无人知晓的小镇已经成为四川旅游的一个热点了，络绎不绝的人来到这偏僻的小镇，只是为了对当年在抗战时期在这个艰苦卓绝的环境里继续他们的研究事业表示由衷的尊敬（图4-56）。

图4-56　游客游览营造学社

李庄的气候潮湿，加之冬季寒冷，林先生到了那里就病倒了（图4-57）。

那里没医院，没大夫护士，好不容易弄来的药品和针剂，都是梁先生学会了肌肉注射和静脉注射后亲自完成的。除了当护士，他还要当厨师，还要

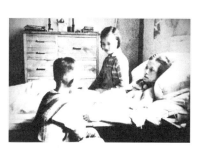

图4-57　林先生病倒

到处筹措钱粮。开始他们还有些东西可卖。梁先生就开玩笑地说："把这只表红烧了吧。"或者"这件衣服可以清炖吗？"

在这样艰苦的条件下，1942年，梁先生开始动手撰写《中国建筑史》这本在中国史无前例的书。在李庄还有不少其他的文化机构以及大学，他们都在同样的条件下进行着他们该做的事情。正如费正清所说："我为我的朋友们继续从事研究工作的坚忍不拔的精神而深受感动。依我设想，如果美国人处在此种境遇，也许早就抛弃书本，另谋生存门道。但是这个曾经接受过高度训练的中国知识界，一面接受了最原始的农民生活状态，一面继续致力于他们的学术研究事业。"

费正清在1942年被派到重庆的美国驻华机构工作时，他说："我内心深处的奋斗目标如今已明显地摆在了面前：帮助那些在美国留过学的中国教授们生活下去，其中有的还是我从前在北京时期的老朋友。"费正清真够朋友，他说到做到，与梁先生在重庆见过面以后，立刻向哈佛大学燕京学社提出申请，要求给梁先生他们1000美元的资助。哈佛大学燕京学社批准了他的申请。可想而知，这笔"巨款"在当时给了营造学社多大的支持啊！

1940年，梁先生在总结了河北、山西等地的古建筑考察成果后，在《华北古建调查报告》里忧心忡忡地写道："在较保守的城镇里，新思潮激发了少数人的奇思异想，努力对某个'老式的'建筑进行所谓的'现代化'。原先的杰作，随之毁于愚妄。最先蒙受如此无情蹂躏的，总是精致的窗牖、雕工俊极的门屏等物件。我们罕有机会心满意足地找到一件真正的珍品，宁静美丽，未经自然和人类的损伤。一炷香上飞溅的火星，也会把整座寺宇化为灰烬。"

在做了一系列的考察之后，梁先生他们不但出了许多测绘图，而且对我国历代建筑形式乃至细部（如斗拱）都做了细致的对比（图4-58~图4-62）。这说明他们所做的绝不仅仅是测绘图，而是扎扎实实的研究工作。这不但对我们了解中国古代建筑的演变有所帮助，更让我们学到了一种精神，那就是执着、钻研和献身。

1946年10月，抗日战争结束后，美国耶鲁大学邀请梁思成去美国讲学，梁思成携带着《中国建筑史》和同时完成的《中国雕塑史》的书稿和图片，将中华民族的文化珍宝展示在国际学术界面前，他以丰富的内容和精湛的分析博得了国外学术界的钦佩和赞扬。

因他在中国古代建筑研究上做出的杰出贡献，梁先生被美国普林斯顿大学授予名誉文学博士学位。

关于中文版和英文版的《中国建筑史》诞生之艰难，它们的巨大意义和在世界上引起的反响，在这里就不多说了，但又舍不得一句不提。这里就以美国宾大亚洲研究中心的南希·斯坦哈特教授的话作为结束吧："梁思成做出了许多贡献，其中一个毫无疑问的是，他把一种传统的匠造之术放到了一个国际上能够理解的平台上，把设计的理念带到了房屋建造上。同时，梁思成意识到让中国建筑语汇进入世界建筑体系的重要性。"

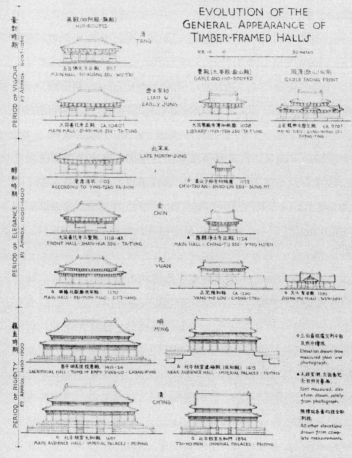

图4-58　历代木构殿堂外观演变图

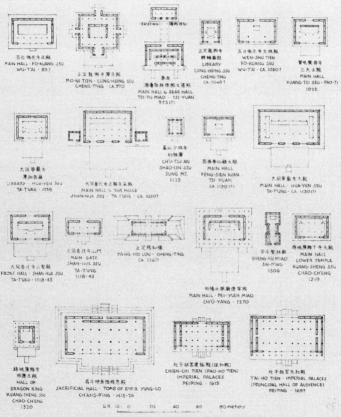

歷代殿堂平面及列柱位置比較圖

COMPARISON OF PLAN SHAPES AND COLUMNIATION OF TIMBER-FRAMED HALLS

五台佛光寺正殿
MAIN HALL·FO-KUANG SSU
WU-T'AI·857

正定龍興寺摩尼殿
MO-NI TIEN·LUNG-HSING SSU
CHENG-TING·CA.970

[EXISTING]（儕存現狀）

（原有後殿及廊廡）
(DESTROYED)

正面

榮盧慈辟德殿及後殿
MAIN HALL & REAR HALL
TSI-TU MIAO·TSI-YUAN
973(?)

正定隆興寺
轉輪藏殿
LIBRARY
LUNG-HSING SSU
CHENG-TING
CA.1040?

五台佛光寺文殊殿
WEN-SHU TIEN
FO-KUANG SSU
WU-T'AI·CA.1050?

寶坻廣濟寺
三大士殿
MAIN HALL
KUANG-TSI SSU·PAO-TI
1035

大同華嚴寺
薄伽教藏
LIBRARY·HUA-YEN SSU
TA-TUNG·1038

大同善化寺正殿及兩殿
MAIN HALL & 'EAR HALLS'
SHAN-HUA SSU·TA-TUNG·CA.1050?

嵩山少林寺
初祖庵
CH'U-TSU AN
SHAO-LIN SSU
SUNG MT.
1125

榮源奉仙觀大殿
MAIN HALL
FENG-SIEN KUAN
TSI-YUAN
CA.1130(?)

大同華嚴寺大殿
MAIN HALL·HUA-YEN SSU
TA-TUNG·CA.1130(?)

大同善化寺三聖殿
FRONT HALL·SHAN-HUA SSU
TA-TUNG·1118-43

大同善化寺山門
MAIN GATE
SHAN-HUA SSU
TA-TUNG
1118-43

正定陽和樓
YANG-HO LOU·CHENG-TING
CA.1260

曲陽北嶽廟德寧殿
MAIN HALL·PEI-YUEH MIAO
CH'U-YANG·1270

安平聖姑廟
SHENG-KU MIAO
AN-P'ING
1306

趙城霍山寺下寺大殿
MAIN HALL
LOWER TEMPLE
KUANG-SHENG SSU
CHAO-CH'ENG
1319

趙城霍山寺
明應王殿
HALL OF
DRAGON KING
KUANG-SHENG SSU
CHAO-CH'ENG
1370

昌平明長陵恩殿
SACRIFICIAL HALL·TOMB OF EMP'R YUNG-LO
CH'ANG-P'ING·1415-76

北平故宮建極殿(保和殿)
CHIEN-CHI TIEN (PAO-HO TIEN)
IMPERIAL PALACES
PEIPING·1615

北平故宮太和殿
T'AI-HO TIEN·IMPERIAL PALACES
(PRINCIPAL HALL OF AUDIENCE)
PEIPING·1697

比尺 10·0　　20　　40　　60　80meters

图4-59　历代殿堂平面及列柱位置比较图

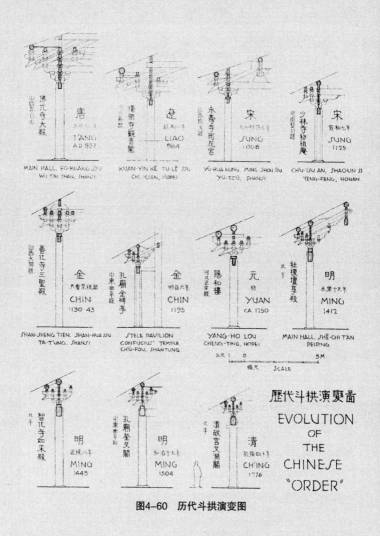

图4-60 历代斗拱演变图

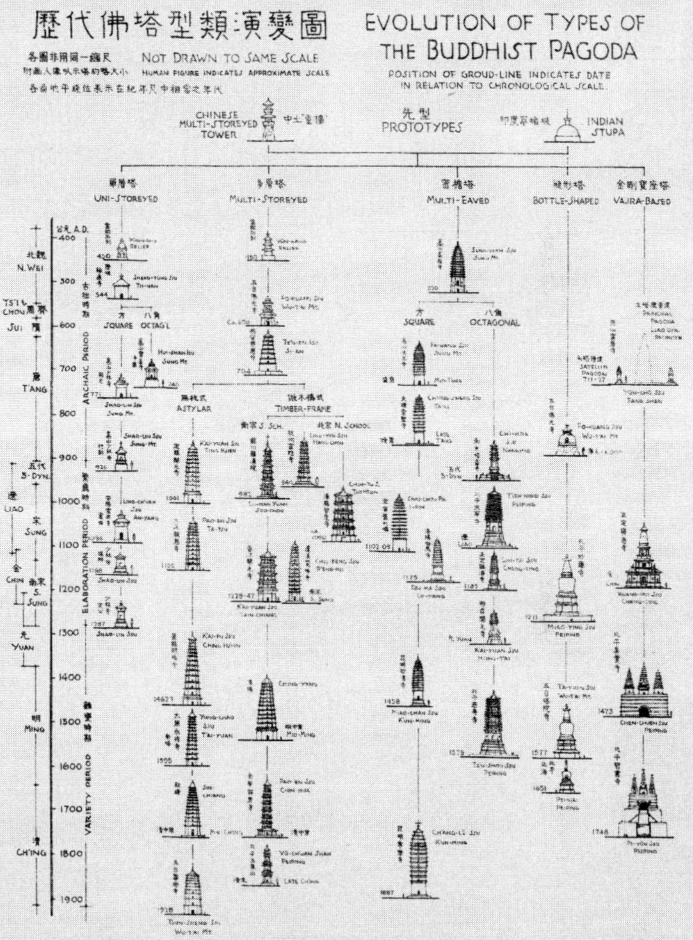

图4-61　历代佛塔类型演变图

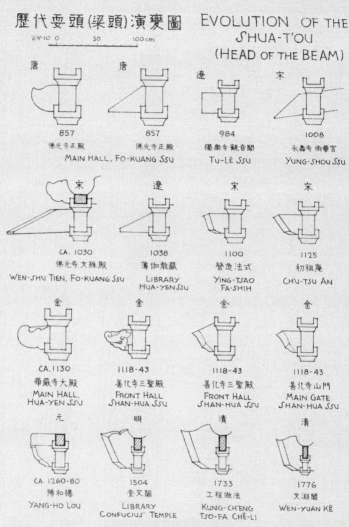

歷代耍頭(梁頭)演變圖　EVOLUTION OF THE
SHUA-T'OU
(HEAD OF THE BEAM)

比分10 0　　50　　100 cm.

唐
857
佛光寺正殿
MAIN HALL, FO-KUANG SSU

唐
857
佛光寺正殿
MAIN HALL, FO-KUANG SSU

遼
984
獨樂寺觀音閣
TU-LÊ SSU

宋
1008
永壽寺雨華宮
YUNG-SHOU SSU

宋
CA. 1030
佛光寺文殊殿
WEN-SHU TIEN, FO-KUANG SSU

遼
1038
薄伽教藏
LIBRARY
HUA-YEN SSU

宋
1100
營造法式
YING-TSAO
FA-SHIH

宋
1125
初祖庵
CH'U-TSU AN

金
CA. 1130
華嚴寺大殿
MAIN HALL,
HUA-YEN SSU

金
1118-43
善化寺三聖殿
FRONT HALL
SHAN-HUA SSU

金
1118-43
善化寺三聖殿
FRONT HALL
SHAN-HUA SSU

金
1118-43
善化寺山門
MAIN GATE
SHAN-HUA SSU

元
CA. 1260-80
陽和樓
YANG-HO LOU

明
1504
奎文閣
LIBRARY
CONFUCIUS' TEMPLE

清
1733
工程做法
KUNG-CH'ENG
TSO-FA CHÊ-LI

清
1776
文淵閣
WEN-YUAN KÊ

图4-62　历代梁头演变图

附录A 图纸历险记

1947年梁思成应邀与其他9位来自世界各地的知名设计师共同参与了联合国纽约总部的设计方案。

在工作完成后，离开美国前夕，梁先生和费慰梅一道对打算在美国出版的《中国建筑史》进行了校对。因为觉得有些文字还要进行推敲和修改，于是梁先生便把书的文字部分带在身上回国了，而把所绘制的大批图纸留在费慰梅处。

20世纪50年代初，因为种种原因，这本书不便在美出版，于是费慰梅按照梁先生的嘱托，把全部图纸寄到了已经和新中国建交的英国，希望这些精心绘制的宝贵图纸能转道英国寄回中国。谁知当年一位在英国学建筑的中国学生得知了此信息，因为要写毕业论文，就向梁先生请求借阅这些图纸。梁先生同意了，但提出用完之后请交给中国驻英国代办处，再带回北京交给梁先生。

1979年，费慰梅来中国过她的70岁生日，梁先生的夫人林洙应邀出席生日宴会。席间，费慰梅问起图纸的事，才知道梁先生一直没有收到这些图纸。费慰梅顿时急得不行，回国后就开始多方寻找图纸的下落。得知当年的那位留学生已经去了新加坡，就要求国际建筑师学会帮助。最后得知这批图纸依然在这位女士处妥善保存。1980年，这批费了多少人心血测量、绘制的图纸终于回到了中国。虽然纸张已经发黄了，好在没有破损丢失，完璧归赵了。

在梁先生的夫人林洙的协助下，读库出品了名为《〈图像中国建筑史〉手绘图》的图册，并在书后做了说明："本图册收录的五十九幅手绘建筑图纸，出自梁思成先生于1946年在四川李庄完成的《图像中国建筑史》一书，中英文双语解说，图文并茂，信息量丰富。读库进行了重新修复，其清晰度、还原度均令人满意。这批手绘图，一方面秉承西方建筑学的制图手法及其蕴含的西方古典主义美学精神，另一方面又创造性地融入了中国传统工笔和白描的技巧，更好地呈现出中国古建筑独特的美感。"

附录B 温馨的回忆

（一）回忆者：张克澄

几十年过去了，我从懵懂的孩童变成年近古稀的老人，对梁思成伯伯的记忆，却仍然如昨天一样，历历在目。今年（2021）是梁伯伯诞辰120周年，奉上点滴，以作纪念。

1947年夏天，我只有几个月大，随父母张维、陆士嘉及不到5岁的姐姐张克群，从天津北洋大学搬到清华胜因院；在28号暂住了半年，待23号建好后即迁入定居，直至十几年后再迁到十公寓。

自打进了清华，我家与梁家就是邻居：在胜因院，梁伯伯住12号，位于23号东北方，隔着一排斜对，相距80米左右；搬家以后，梁伯伯住十二公寓12号，与东北方的我家，十公寓14号，直线距离不过60米。

我幼时活泼好动，胜因院方寸之地，不过30余家，几乎被我串遍了。其中最常光顾的，是梁思成、马约翰、陶葆楷三家。说来惭愧，原因无它，盖因这三家皆有很大的饼干桶，而且欢迎馋嘴的小孩。现在想来，不无疑窦：梁家常备饼干糖果，自是梁、林下午茶所需，太太客厅标配；其他几家呢，是否是那时清华教授家的标配？有研究清华历史的有心人，或者能给出点解释。

到了能记事的年纪，男孩子关心的东西就从饼干糖果扩展到硬件了。梁家宝贝多，我去得就更频繁了。

苏联产的莫斯科人牌小轿车，梁伯伯坐在里面，潇洒地一挥手，小轿车屁股一冒烟味溜一下开跑了。

英国产的凤头自行车，扎眼的绿色烤漆，镀克罗米的轮圈闪闪发亮，特别是还带变速器。梁伯伯骑在上面，哒哒哒响着，真潇洒呀！

7岁那年初春的一天晚饭后，天还没完全暗下来，我随父母散步来到梁伯伯家西边岔路口。向北通往停车场的路上空无一人，而另一条是通向照澜院的三合土路，过了小石桥往胜因院这个岔路口是个向上的缓坡，走路骑车都有点费力的。此时就见一辆自行车飞一般地冲来，快到我们跟前了，哒哒哒声音越来越近，却丝毫没有减速的意思，直到快撞到我们了，我吓得大叫。说时迟那时快，自行车吱的一声，停在我面前。是梁伯伯！他骑跨在凤头车上，左脚踏地，冲父母点点头打了招呼，转头笑眯眯地问我：会骑车吗？我摇摇头。他又问：你多大了？7岁。梁伯伯立刻转向父亲：7岁了你还不让他骑车？我6岁就会骑车了，到现在骑了快50年啦。说罢使劲按了一下转铃，清脆的铃声在我的小心灵中激起了强烈的愿望。紧接着，梁伯伯又问：会游泳吗？

不会。啊？那可不行，我也是6岁学会的游泳，你得努力追上我呀！

拜梁伯伯所赐，父母解了禁，父亲的大车允许我掏裆练习了，夏天到来，游泳也开始了。

搬到公寓以后，放学路上如果碰到梁伯伯，他总是招招手叫我去十二公寓12号家里。梁伯伯家满屋子的古董，青铜器啦古陶瓷啦，名人字画啦，我人小不懂也不感兴趣，他就想各种办法吸引我的注意力。记得有一次跟梁伯伯进到他楼上的书房，大概是介绍了半天他收集的宝贝都无法引起小屁孩的兴趣，让这位大权威颇感失望。梁伯伯突然问我，你想不想看看梁伯伯的秘密？一听有秘密，我立刻来了精神。梁伯伯站到屋子中间，脱掉上衣，只见他肩背上的金属架子闪闪发光。不待我回过神，梁伯伯两手举起抓住那金属架子，不知怎么一弄，哗的一声，他的身体突然向前向下卷曲，头垂到肚子前面。我哪见过这场面？吓得大气都不敢喘。片刻工夫，梁伯伯把那架子不知怎么一拨弄，就又挂在他的肩背上，身子又挺得直直的了。梁伯伯望着我傻傻的样子哈哈大笑，摸着脑袋告诉我：梁伯伯这儿有好多秘密哪，你有空就来我这儿发现秘密，好不好？我当时是怎么回答的，年代久远，早已想不起来了。可是梁伯伯不怕病痛乐观进取的精神和那爽朗的笑声，刻在我幼小的心灵里，终生未忘。

及至年长，知道梁思成、林徽因为中国古建筑所做的贡献，想想梁伯伯几十年前带着那样的肩背支撑，在荒山野岭考察古建，爬上爬下，需要何等的体力和耐力，克服何等的艰难困苦？梁伯母的身体就更不用说了。他们两位对中华文化的热爱与奉献，令后人除了景仰、敬仰，再没有其他了！

1959年夏，清华大学组织老教授带家属到北戴河疗养；姐姐和我老缠着梁伯伯一起下海游泳，他也乐于从命。老顽童梁伯伯，总有讲不完的故事，玩不尽的花样，跟他在一起，真是开心极了。姐姐大概就是在这前后被梁伯伯游说成功，学了建筑，成了梁伯伯学生的。高兴之余，梁伯伯搂着姐姐和我，照了不少照片。在其中一张背面，梁伯伯写道："大排骨与金童玉女屹立渤海边，1959年8月。"最近，姐姐和我商量，要找出此照片奉献给大家，却遍找不见了！如果能得此照片重见天日，我定当立即奉上，给众亲友一个交代。

（二）回忆者：张克群

我家后面（清华园里的胜因院）不远的地方住着著名古建专家，建筑系的教授梁思成先生。他家有辆黑色小汽车，引得我和弟弟特爱去梁伯伯家玩。梁伯伯下巴上有个挺大的瘤子，我曾问过他那是干什么用的，他说："我要是想你了，就按它一下，嘟嘟两声，你就来啦。"我信以为真地踮起脚用手去按了一下，结果并没有发出什么声音来，倒是逗得梁伯伯哈哈大笑起来。

1959年我上高中一年级。那年暑假，大学组织教师和家属去北戴河海边避暑。这天我因身体不适，不能下海，正坐在沙滩上写生，忽听脑袋上方一个和蔼地声音："啊，你喜欢画画呀，画得还不错嘛。"抬头一看，是刚刚游完泳，浑身湿漉漉的梁思成伯伯。梁伯伯问我高中毕业后想考什么大学，我说还没想过。梁伯伯说："想不想学建筑呀？"我问："建筑是学什么的？盖房子吗？"梁伯伯光着膀子坐在我的边上，连比带划地给我讲了起来。大致意思是说建筑是比工程多艺术，比艺术多工程。我说，那我将来就考建筑系吧。梁伯伯一听很是高兴，叫上刚从海里爬上来湿淋淋的弟弟一起照了张相，事后还在送给我的那张照片背后题了词："大排骨菩萨与金童玉女屹立渤海边"。

　　1961年，我如愿地考上了清华建筑系，终于可以正式在课堂上听梁先生讲课了。梁先生教的是中国古代建筑史。作为他的学生，我亲眼看见了他对中国古建由衷的热爱。在放幻灯片时，他会情不自禁地趴到当作幕布的墙壁上，抚摸着画面上的佛像，口中念念有词道："我是多么喜欢这些佛爷的小胖脚趾头啊！"在他的课上，我深切地感到中国文化深厚的底蕴和古代匠人们的聪明睿智。

（三）回忆者：罗健敏

1955年是梁先生生命中特别不好的一年，4月林先生去世，同时，建筑界又开始了对"梁思成为代表的复古主义"的批判。而正是这一年，我们1955级考入了清华大学建筑系。

我们这一届3个班共90人，还有5名外国留学生。我们当中有约一半同学是高分考生，报考了当时要分最高的清华建筑，另外一半是早就仰慕梁思成先生而专心报考清华建筑系的。

例如钟文堉。他是在艺术科系提前考试中已经被中央美术学院油画系录取了的。谁都知道被美院油画系录取有多难。可是他还是放弃了美院，重新参加高考，又考上了清华建筑。我们是同寝室，他告诉我，改考清华就是来投奔梁先生学习中国古建筑的。当然谁都不会想到，刚进了清华，梁先生却因"复古主义"被批判了。

从山东来的于振生不但是专为投奔梁公而来，而且中学时他已经对中国古建筑有了相当多的了解。他最喜欢给大家讲曲阜孔庙和泰山老奶奶的故事。泰山奶奶庙讲多了，大家干脆给了他一个外号"奶奶庙"。"奶奶庙"写得一笔好篆书。

萧默也是为了研究中国古建筑专门来清华的。但是毕业后却分配到了新疆。为了"民族团结"，他还把原名"萧功汉"改成了萧默。新疆的工作单位后来又解散，分配他去中学教书。之后他犹豫再三还是大着胆子决定给梁先生写一封信，要求到专业对口的单位去搞建筑历史研究。多年后，他对我说，他开始的请求是去龙门石窟。梁先生一面帮他联系单位，更把信转给了兼任清华大学校长的教育部蒋南翔部长。南翔部长批准了他的请求，由梁先生安排，他去了敦煌。如果没有蒋部长的特批，那个年代从边疆省份向内地方向调动是不可能的。

同班郑学茜在上海出生不久就遇日寇侵袭，上海"八一三抗战"爆发，他们全家逃难到四川。在重庆又经历日寇的大轰炸，加上患病几乎不治。抗战胜利回到上海又患肺结核胸膜炎，时值抗美援朝时期，美国封锁国内得不到进口药，只剩半个肺有呼吸功能。到高三体检后通知她不可考大学，就不参加复习。开考前三天才复查允许报考，就这样她拿着一支钢笔考入了心仪的清华建筑系。

我们这些仰慕梁、林先生的学子，6年后被分配到全国各地参加祖国建设，作品遍布全国。

只带着半个肺的郑学茜工作了51年，主持设计了我国第一个航天研究中心，第一个解读卫星照片的洗印车间，第一个人造云室（规模世界第三），这些工程密级之高，工程竣工后她一次都没进去过。设计院院长书记也一次都没进去过。她还主持设计了船王包玉刚赠款的兆龙饭店。这是改革开放后第一个外资饭店，邓小平亲自题写店名，亲自参加开业典礼。这三个亲自是历史仅有的一个。

钟文墀、李良娆等参加了国防建设；胡士义分到大庆；

10位同学分到新疆，其中朱杨桃一辈子留在了新疆；高冀生留在清华培养了几十届本科生和研究生；魏大中在长安街上留下了多座建筑，最后一个是主持国家大剧院的施工图，法国人安德鲁的方案虽然中选，但技术问题极多，都要在施工图中予以解决。最后剧院竣工前，他累死在这个项目上，没看到剧院建成。

建筑史学家于振生后来担任建研院历史所所长；萧默从敦煌回来担任中国艺术研究院建筑所所长。萧默还倾毕生之力编写了《中国建筑艺术史》。此书1260页，200万字，业界公认是梁、林先生《中国建筑史》后的又一个里程碑之作。

我们这些梁、林弟子，跟随着他们的足迹，以中华民族精神培育出的时代良心，以自己有限生命所能付出的最大能力，做出自己的贡献。

如今萧默、于振生、郑学茜、魏大中等都已作古。我们晚走的这一批能工作的仍在工作、著述。到今年我已经工作60年，超额完成了"为祖国健康工作五十年"的任务。2018、2019年我受邀到四川大凉山彝族地区作悬崖村的扶贫规划。登上2460米的崖顶俯视悬崖村时，当地人说"你是到达这里的年龄最大的人。"我心里想："看看是谁带出来的兵！"经过两年工作，政府同我们的规划意见达成一致，贫危地区的村民全部迁居到了平安地带新居，并开展新的就业培训。村民能够远离自然灾害危险区，我心里甚感安慰。有人说这是一份功德，我不敢当。但它确实可以作为我工作60年的一个纪念。

今年我有山西窑洞改造、一个北京文化园的建设、工业遗产保护利用等很多事在研究中。更有中国建筑理论的研究是我欠梁先生的，今年务必有个眉目，所幸已经有一大批年轻朋友要一起投入，其中多数竟然不是学建筑的，这让我更高兴，说明梁、林精神已经远播建筑学界以外。

我们的师长、我们的学长、我们的师弟师妹，他们的更多的贡献，都不在本文内，这里只说了我们这一级90人中的几个。梁、林先生在天有知会感欣慰吧。他们的热爱中华、献身中华的道路，我们会一直走下去。

（四）回忆者：朱爱理

刚进大学，知道我们建筑系的系主任是梁思成先生，让我们这些年轻学子兴奋不已，记得中学老师及上了年纪的长辈提起清华大学建筑系，大多会说："那里有个梁思成教授，闻名全国，上这个系很好，很好。"

我就是怀着这种崇敬的心情，踏进校门的。当知道我们的《中国建筑史》课又是由梁思成先生亲自来授课，更是庆幸不已。

那时候，梁先生社会活动多，我们很少能见到。然而逢到每周末的《中国建筑史》课时间，先生总会准时来到旧水利馆的教室。梁先生身材瘦弱，戴一副宽边的黑色镜框眼镜，挂着一根深色的拐杖，由郭黛姮老师或徐伯安老师陪来教室。讲课前，事先准备好的油印讲义教材已分发到我们学生手上。梁先生站在讲台上，举着手，踮着脚，用微微颤抖的手在黑板上一个字一个字地写着。不时回过头来问："后面的同学能看清吗？""我个子矮，写不高，抱歉了。"

梁先生在黑板上写的字，一笔一画皆有讲究，字的间架结构是那么匀称饱满。虽然线条显得抖动，但从我们眼里看上去，却是那么的富有神韵，那么的苍劲有力。同学们无不惊奇地钦佩梁先生深厚的文化功底。我们对先生的崇敬之心也油然而生。每次梁先生来讲课，我们都瞪大了眼睛聚精会神地认真听讲。梁先生一面讲授中国建筑各个阶段的发展，一面又给我们灌输了不少建筑美学知识。先生告诉我们，讲义是发给大家回去看的。先生讲课方式是边讲边画边比喻，而且经常是脱稿讲课的。先生那深入浅出、形象诙谐的语言常常让我们开怀大笑，无论内容还是语言，都特别容易被我们记住。

每次上课，同学们总怕先生太累了，让先生歇息、喝口水。有一次，先生边喝水边自嘲地说："我现在岁数大了，气也短，好比气球跑气了一样——瘪了。"

课后有知情的同学告诉我们："梁先生年轻的时候，是清华军乐队的小号手，气足着呢！"大家乐了好一阵后，又完全沉浸在师生的情谊之中了。

记得1964年的有一天，离梁先生《中国建筑史》课结束已有一段时间，《新清华》的记者在系领导的安排下，约我们班同学去美术教室（在"清华学堂"里）与梁先生合影。我和班上的张钟、何嗣绍、叶春华、黄汉民、应锦薇、鲍朝明总共七位同学与梁先生见面。那天美术教室早已摆好桌子、图版、尺子，教室显得干干净净的，里面摆放着一匹古色古香的唐三彩马，作为我们的背景道具。先生那天穿着中山装，从上衣口袋里拿出自己常用的钢笔，为我们演示。

拍了一次，换个角度，接着又拍了几张。拍完以后，梁先生向大家问候，问讲课的内容是否合适？是否喜欢？同学们都说建筑史课内容丰富，要学和要记的东西太多，生怕自己学不好。梁先生再

次说，将来不会让每个人都去研究古建筑，但同学们要从中汲取中国传统建筑的精髓，领会中国传统建筑的内涵。不一会儿，梁先生有事要离开了，记得当时有同学发自内心地感慨道："梁先生一点架子也没有，那么平易近人，我们能与梁先生照相，真是太幸运了。"

直到1986年10月，在清华大学主楼后厅举行梁思成先生诞辰85周年及创办清华大学建筑系40周年纪念会上，当我们看到纪

念文集及展览的版面上刊登出我们与梁先生的合影时，大家都十分欣喜。想起梁先生当年的神采和为建筑事业鞠躬尽瘁的精神，我们这些受过梁先生谆谆教导的学子，都深深地缅怀梁先生与我们一起的那一段宝贵时光，真让人永生难忘！

参考文献

[1] 林洙. 梁思成林徽因与我[M]. 北京：清华大学出版社，2004.

[2] 梁思成. 中国建筑史[M]. 天津：百花文艺出版社，1998.

[3] 梁思成. 中国雕塑史[M]. 天津：百花文艺出版社，1998.

[4] 林徽因，梁思成. 晋汾古建筑预查纪略[M]. 北京：中国营造学社，1935.

[5] 刘畅. 北京紫禁城[M]. 北京：清华大学出版社，2009.

[6] 梁思成. 图像中国建筑史[M]. 北京：新星出版社，2017.